U0169752

山东巨龙建工集团
SHANDONG JULONG CONSTRUCTION GROUP

中国传统民间制作工具大全

第四卷

王学全 编著

中国建筑工业出版社

图书在版编目（CIP）数据

中国传统民间制作工具大全. 第四卷／王学全编著
. —北京：中国建筑工业出版社，2022.10
ISBN 978-7-112-27905-0

Ⅰ. ①中… Ⅱ. ①王… Ⅲ. ①民间工艺—工具—介绍
—中国 Ⅳ. ①TB4

中国版本图书馆CIP数据核字（2022）第168187号

责任编辑：仕　帅
责任校对：张　颖

中国传统民间制作工具大全　　第四卷

王学全　编著

＊

中国建筑工业出版社出版、发行（北京海淀三里河路9号）

各地新华书店、建筑书店经销

北京锋尚制版有限公司制版

北京富诚彩色印刷有限公司印刷

＊

开本：880毫米×1230毫米　1/16　印张：24½　字数：497千字

2022年12月第一版　　2022年12月第一次印刷

定价：**168.00**元

ISBN 978-7-112-27905-0

（40035）

版权所有　翻印必究

如有印装质量问题，可寄本社图书出版中心退换

（邮政编码100037）

作者简介

　　王学全，男，山东临朐人，1957年生，中共党员，高级工程师，现任山东巨龙建工集团公司董事长、总经理，从事建筑行业45载，始终奉行"爱好是认知与创造强大动力"的格言，对项目规划设计、建筑施工与配套、园林营造、装饰装修等方面有独到的认知感悟，主导开发、建设、施工的项目获得中国建设工程鲁班奖（国家优质工程）等多项国家级和省市级奖项。

　　他致力于企业文化在企业管理发展中的应用研究，形成了一系列根植于员工内心的原创性企业文化；钟情探寻研究黄河历史文化，多次实地考察黄河沿途自然风貌、乡土人情和人居变迁；关注民居村落保护与发展演进，亲手策划实施了一批古村落保护和美丽村居改造提升项目；热爱民间传统文化保护与传承，抢救性收集大量古建筑构件和上百类民间传统制作工具，并以此创建原融建筑文化馆。

前言

　　制造和使用工具是人区别于其他动物的标志，是人类劳动过程中独有的特征。人类劳动是从制造工具开始的。生产、生活工具在很大程度上体现着社会生产力。从刀耕火种的原始社会，到日新月异的现代社会，工具的变化发展，也是人类文明进步的一个重要象征。

　　中国传统民间制作工具，指的是原始社会末期，第二次社会大分工开始以后，手工业从原始农业中分离出来，用以制造生产、生活器具的传统手工工具。这一时期的工具虽然简陋粗笨，但却是后世各种工具的"祖先"。周代，官办的手工业发展已然十分繁荣，据目前所见年代最早的关于手工业技术的文献——《考工记》记载，西周时就有"百工"之说，百工虽为虚指，却说明当时匠作行业的种类之多。春秋战国时期，礼乐崩坏，诸侯割据，原先在王府宫苑中的工匠散落民间，这才有了中国传统民间匠作行当。此后，工匠师傅们代代相传，历经千年，如原上之草生生不息，传统民间制作工具也随之繁荣起来，这些工具所映照的正是传承千年的工法技艺、师徒关系、雇佣信条、工匠精神以及文化传承，这些曾是每一位匠作师傅安身立命的根本，是每一个匠造作坊赖以生存发展的伦理基础，是维护每一个匠作行业自律的法则准条，也是维系我们这个古老民族的文化基因。

　　所以，工具可能被淘汰，但蕴含其中的宝贵精神文化财富不应被抛弃。那些存留下来的工具，虽不金贵，却是过去老手艺人"吃饭的家什"，对他们来说，就如同一位"老朋友"不忍舍弃，却在飞速发展的当下，被他们的后代如弃敝屣，散落遗失。

作为一个较早从事建筑行业的人来说，我从业至今已历45载，从最初的门外汉，到后来的爱好、专注者，在历经若干项目的实践与观察中逐渐形成了自己的独到见解，并在项目规划设计、建筑施工与配套、园林营造、装饰装修等方面有所感悟与建树。我慢慢体会到：传统手作仍然在一线发挥着重要的作用，许多古旧的手工工具仍然是现代化机械无法取代的。出于对行业的热爱，我开始对工具产生了浓厚兴趣，抢救收集了许多古建构件并开始逐步收集一些传统手工制作工具，从最初的上百件瓦匠工具到后来的木匠、铁匠、石匠等上百个门类数千件工具，以此建立了"原融建筑文化馆"。这些工具虽不富有经济价值，却蕴藏着保护、传承、弘扬的价值。随着数量的增多和门类的拓展，我愈发感觉到中国传统民间制作的魅力。你看，一套木匠工具，就能打制桌椅板凳、梁檩椽枋，撑起了中国古建、家居的大部；一套锡匠工具，不过十几种，却打制出了过去姑娘出嫁时的十二件锡器，实用美观的同时又寓意美好。这些工具虽看似简单，却是先民们改造世界、改变生存现状的"利器"，它们打造出了这个民族巍巍五千年的灿烂历史文化，也镌刻着华夏儿女自强不息、勇于创造的民族精神。我们和我们的后代不应该忘却它们。几年前，我便萌生了编写整理一套《中国传统民间制作工具大全》的想法。

《中国传统民间制作工具大全》这套书的编写工作自开始以来，我和我的团队坚持边收集边整理，力求完整准确的原则，其过程是艰辛的，也是我们没有预料到的。有时为了一件工具，团队的工作人员经多方打听、四处搜寻，往往要驱车数百公里，星夜赶路。有时因为获得一件缺失的工具而兴奋不已，有时也因为错过了一件工具而痛心疾首。在编写整理过程中我发现，中国传统民间工具自有其地域性、自创性等特点，同样的匠作行业使用不同的工具，同样的工具因地域差异也略有不同。很多工具在延续存留方面已经出现断层，为了考证准确，团队人员找到了各个匠作行业内具有一定资历的头师傅，以他们的口述为基础，并结合相关史料文献和权威著作，对这些工具进行了重新编写整理。尽管如此，由于中国古代受"士、农、工、商"封建等级观念的影响，处于下位文化的民间匠作艺人和他们所使用的工具长期不受重视，也鲜有记载，这给我们的编写工作带来了不小的挑战。

这部《中国传统民间制作工具大全》是以民间流传的"三百六十行"为依据，以传统生产、生活方式及文化活动为研究对象，以能收集到的馆藏工具实物图片为基础，以非物质文化遗产传承人及各匠作行业资历较深的头师傅口述为参考，进行编写整理而成。《中国传统民间制作工具大全》前三卷，共二十四篇，已经出版发行，本次出版为后三卷。第四卷，共计十八篇，包括：农耕工具，面食加工工具，米食加工工具，煎饼加工工具，豆制品加工工具，淀粉制品加工工具，柿饼加工工具，榨油工具，香油、麻汁加工工具，晒盐工具，酱油、醋酿造工具，茶叶制作工具，粮食酒酿造工具，养蜂摇蜜工具，屠宰工具，捕鱼工具，烹饪工具，中医诊疗器具与中药制作工具。第五卷，共计十八篇，包括：纺织工具，裁缝工具，制鞋、修鞋工具，编织工具，狩猎工具，熟皮子工具，钉马掌工具，牛马鞭子制作工具，烟袋制作工具，星秤工具，戗剪子、磨菜刀工具，剃头、修脚工具，糖葫芦、爆米花制作工具，钟表匠工具，打井工具，砖雕工具，采煤工具，测绘工具。第六卷，共计十八篇，包括：毛笔制作工具，书画装裱工具，印刷工具，折扇制作工具，油纸伞制作工具，古筝制作工具，大鼓制作工具，烟花、爆竹制作工具，龙灯、花灯制作工具，点心制作工具，嫁娶、婚礼用具，木版年画制作工具，风筝制作工具，鸟笼、鸣虫笼制作工具，泥塑、面塑制作工具，瓷器制作工具，紫砂壶制作工具，景泰蓝制作工具。该套丛书以中国传统民间手工工具为主，辅之以简短的工法技艺介绍，部分融入了近现代出现的一些机械、设备、机具等，目的是让读者对某一匠作行业的传承脉络与发展现状，有较为全面的认知与了解。这部书旨在记录、保护与传承，既是对填补这段空白的有益尝试，也是弘扬工匠精神，开启匠作文化寻根之旅的一个重要组成部分。该书出版以后，除正常发行外，山东巨龙建工集团将以公益形式捐赠给中小学书屋书架、文化馆、图书馆、手工匠作艺人及曾经帮助收集的朋友们。

　　该书在编写整理过程中王伯涛、王成军、张洪贵、张传金、王学永、张学朋、王成波、王玉斌、聂乾元、张正利等同事对传统工具收集、图片遴选、文字整理等做了大量工作。张生太、尹纪旺、王文丰参与了部分篇章的辅助编写工作。范胜东先生与叶红女士也提供了帮助支持，不少传统匠作传承人和热心的朋友也积极参与到工具的释义与考证等工作中，在此一并表示感谢。尽管如此，该书仍可能存在一些不恰当之处，请读者谅解指正。

目录

第一篇

农耕工具

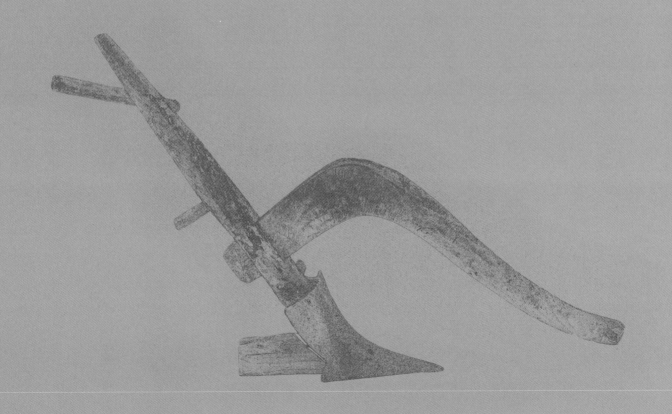

农耕工具

农耕文明是世界文明的重要组成部分，与海洋文明、游牧文明、狩猎文明相比，农耕文明对于国家社会发展的推动力更加显著。农耕文明为古代中国带来了较为发达的生产关系与相对稳定的定居生活，加速了阶级的产生，推动了伦理的形成，创造了礼仪规制，发展了道德理念，逐步形成了以汉文化为核心的中华文明，并对周边国家和地区产生了深远的影响。

农耕工具是农耕文明形成的载体和传播的媒介，对于农耕文明的生成与延续具有不可替代的地位和作用。中国是世界上较早从事农业生产的国家之一，早在新石器时代，人们就已经发明了用于耕作的石斧、石臼、石磨盘等工具。在距今约六千至七千年前，生活在黄河流域的半坡人与生活在长江中下游地区的河姆渡人已经掌握了黍、粟和水稻的种植技术。数千年来，各式各样的农耕工具陪伴着先民们日出而作、日落而息，先民们通过辛勤的劳作，从土地中获取生存所需，为氏族的发展、国家的诞生、文字的出现奠定了基本的物质基础。

古语云"仓廪实而知礼节"，历史上那些有为的君主都深知粮食对于一个国家的稳定和发展何其重要，因此出台了一系列劝课农桑的政策，如兴修水利、保护耕牛、改进农具、祭祀祈愿、亲身耕种等。"重农抑商"是传统国家治理的基本政策，"士、农、工、商"的位次排列也从一个侧面反映出农业耕作的重要地位。"耕读传家"也因此成为中国古代社会的一个重要价值取向。读书人不可不知农事，农人不可不读诗书。不知农事被视为四体不勤，不读诗书被鄙为寡陋无知。耕田与读书就这样被有趣地联系到了一起。

清朝乾隆年间，在青州府骈邑县（今山东省临朐县）境内，有一读书人，名为马益著，虽才高八斗，却每考必挫，常被邻里嘲讽，谓曰"四体不勤"。一日，老父怒骂，称之"一事无成"，马益著不以为然，愤而疾书，一夜著成《庄农日用杂字》，全文四百七十余句，两千三百余字，共记载农具近百件，从田事至家事，农村风俗事务蔚为称全，一时间名动乡里，皆谓奇才。后经有心人汇编成册，流行于官学乡里数百年，成为江北地区的童学启蒙之书。

本书"农耕工具"以齐鲁地区小麦、玉米、水稻、五谷、花生、红薯、黄烟等农作物耕种工具为主，按农耕时序依次介绍。

▼ 犁

第一章 出肥、耕种工具

　　春耕、夏耘、秋收、冬藏，是人们对农事活动顺序的普遍认知。但聪明的先民们通过掌握不同作物的生长规律，发明了套种间作。就拿鲁中、鲁西南地区的粮食作物生产来说，冬小麦的种植是从秋耕开始，以夏收结束的。玉米则是夏季套种，秋季收获。无论是春耕还是秋耕，为土地增肥都是最紧要的，正如《庄农日用杂字》中所说"开冻先出粪，制下镢和锨"。"出粪"也叫"出肥"，过去的肥料是以牲畜粪便为主的天然粪肥，也叫"土肥"。将土肥从畜圈中铲出，经过晾晒、打碎，运输到地，抛洒入田，然后就可以进行耕地、松土、整地和播种。出肥、耕种工具根据种植作物及地区不同，虽然各有差异，但不少工具是带有广泛性和普遍性的。

▲ 农耕场景

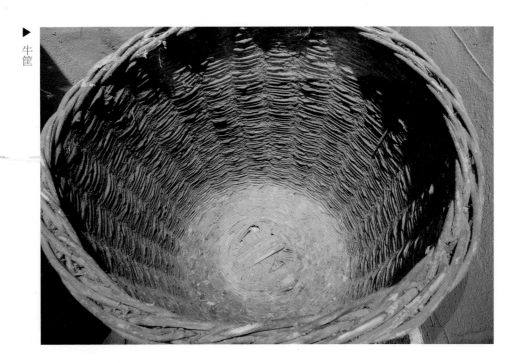

▶ 牛筐

牛筐

牛筐，也称"抬筐"，主要用于盛装粪肥并由两人用扁担将其抬至田间。牛筐一般是用蜡条、棉槐等枝条编织而成的上口略大的圆形筐，高约35cm，直径约60cm。

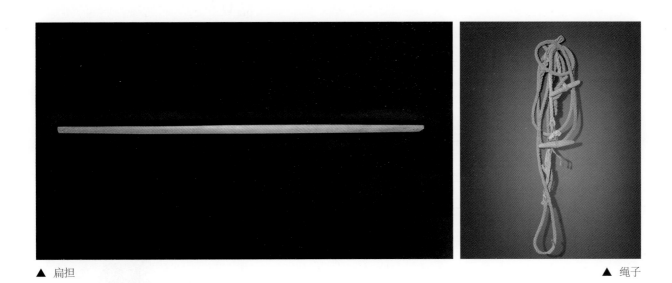

▲ 扁担 ▲ 绳子

扁担与绳子

扁担，是用来挑、抬物品的工具，通常配合绳子使用。扁担是中间宽、两头尖的椭圆形扁状长杆，两头一般带有木楔，北方多为木制，南方多为竹制，长约220cm。

▲ 粪篓

粪篓

　　粪篓是装载运输土肥及其他物料的工具，通常配合手推车使用。粪篓
是用蜡条、棉槐木条编织而成，长约110cm，宽约40cm，高约35cm。

▲ 粪箕

▲ 粪篮（一）

▲ 粪篮（二）

粪箕与粪篮

　　粪箕与粪篮都是用于拾粪的工具，也可用于背杂草、运垃圾等，多用
棉槐、荆条或柳条编织而成，一般带有弓形把，可以挎背在身上。

粪叉

粪锹子

粪叉与粪锹子

粪叉是用来铲粪、混肥的工具，面宽、齿密，长约160cm。粪锹子是用来将粪便钩拾到粪篮子里的工具，由木柄和小铁锹头或三齿铁钩组成，长约100cm。

▲ 驮架

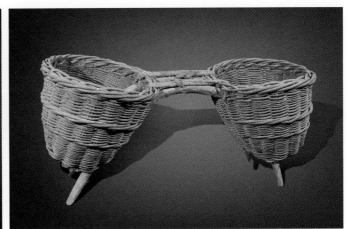

▲ 驮篓

驮架与驮篓

驮架是用于驮挂物料的木架型工具。驮篓是用于装载物料的工具，顶口有两根横杆和绳子将其连接成组，一般是用蜡条、棉槐或荆条编织而成。驮架和驮篓通常安放在牲畜背部的鞍子上使用。

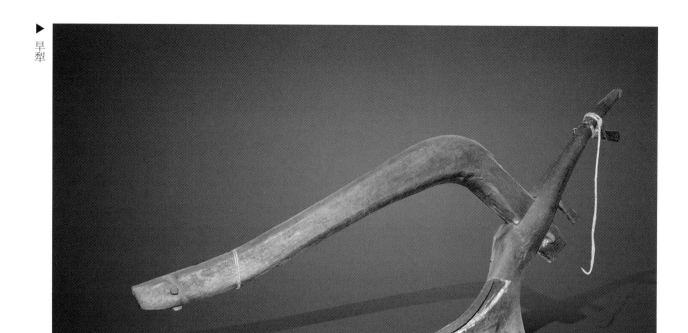

犁

　　犁是用于耕松土地的工具，中国早在奴隶社会末期就出现犁，春秋时期牛犁耕地逐渐普遍。西汉时出现了直辕犁，主要用于平原旱作区的耕种；唐代出现了曲辕犁，主要用于水稻种植区。

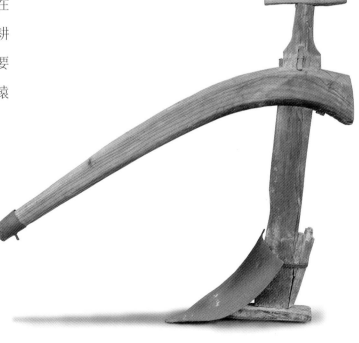

水犁

▶
耙

耙

耙是用于平墒、碎土的工具。耙体型较大，由长方形木框架和铁耙齿组成，操作时由人力或畜力牵引拉动，后有一人进行推动或站立其上。耙的样式有多种，如竖齿耙、耕耙、踏耙、站耙、钉耙等。

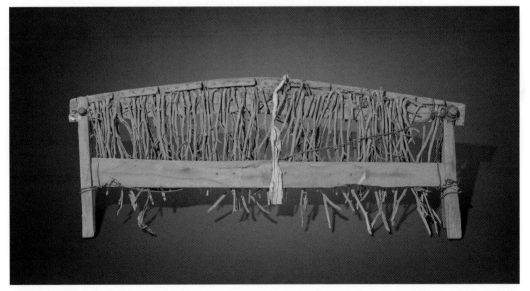

▲ 耢

耢

耢，北方俗称"耢条"，是用于平墒、碎土的工具，通常与耙配合使用，因此也叫"耢条耙"，一般用硬木框加枝条编织而成。

秒

　　秒，又称锸，是用于水田平墒、碎土、整平的工具。与耙相比，秒的齿长且密，通常为并排九齿。

蒲滚

▲ 蒲滚

　　蒲滚，也叫"滚"，是用于水田耕作的轧草、烂泥工具，通常由人或牲畜拉动。蒲滚由木架框、滚筒、蒲叶等组成，蒲叶有木制的，也有铁制的，木架框的长约100cm，宽约60cm。

耧

耧，也叫"耩子""耩车""耧车"，是用于播种、施肥的工具，相传为西汉时赵过发明。耧主要由耧辕、耧铧、耧斗、下籽筒、耧把等几部分组成，分为单眼耧、双眼耧和三眼耧，使用时人或牲畜在前面拉动，后面有人扶耧掌耩。

▲ 双腿耧

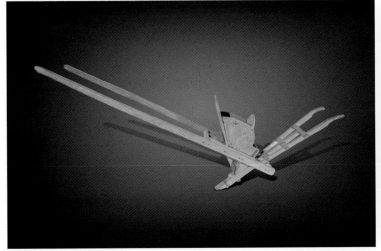

▲ 单腿耧

▲ 三腿耧

▲ 秧马

秧马

秧马是用于水稻插秧、拔秧的工具，多用枣木或榆木制成。北宋时秧马已广泛应用，初形如小船，后演化为板凳形状。

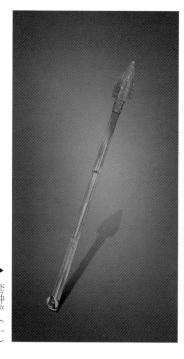

◀ 套种铲（一）

◀ 套种铲（二）

套种铲

套种铲是集松土、刨坑、播种三种功能于一身的工具，外观类似铁铲，铲口尖而带弧形槽。工作原理类似耧子，铲柄中空，种子从上部放入，顺铲头进入土壤，主要用于玉米、花生、豆类等作物的播种。

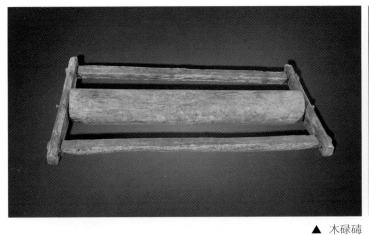

▲ 木碌碡

▲ 石碌碡

碌碡

碌碡是播种后用于平陇、压实、碎土的工具，由畜力或人力拉动，分为木制和石制两种。

◀ 保墒车

保墒车

保墒车是播种后用于压实耩垄、保墒的工具。经保墒车压过的耩垄，松软适中，便于种子发芽。

砘子

砘子，俗称"砘轱辘"，是播种后用于压实耩垄、保墒的工具，由石轮和木轴承，石轮直径约35cm，厚约8cm。

▲ 砘子

▼ 黄牛

▼ 水牛

耕牛

用牛拉犁耕地始于春秋战国，普及于汉代，延续数千年。耕牛是农业耕种的主要动力和重要的生产资料，旱作区多使用黄牛耕作，水田区多使用水牛耕作。

◄ 牛槽

牛槽

牛槽是用于盛装饲料或水的一种长方形饲具，有石制和木制两种。

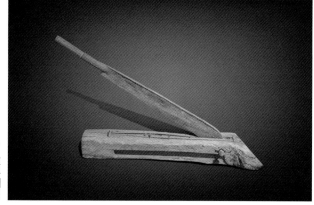

草料铡刀

铡刀是用于切割草料、枝条或植物根茎的刀具，由底槽、刀身两部分组成。

► 草料铡刀

笼嘴与鼻环

笼嘴是套在耕牛嘴部，防止耕牛齿利伤人或偷吃作物，使其专心耕地的工具，通常以细绳栓系。牛鼻环是装在耕牛鼻部，帮助扶犁人驯服、牵拉耕牛的工具，一般为木制或铁制。

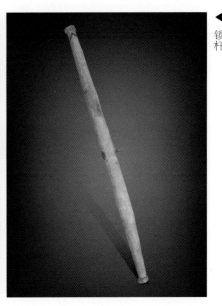

锁头与锁杆

锁头与锁杆是促使耕牛持续发力耕地的一组工具，两者配合使用，增加协调性，锁头拴系于耕牛脖后，下用细绳连扣紧妥，锁头下两根长绳牵动锁杆形成一牿或多牿，用以拉动耕犁。

牛鞭子

牛鞭子是抽打催动耕牛卖力犁地，防止其懈怠的工具，由鞭杆和鞭子两部分组成。鞭杆为木制，长约50cm。鞭子一般由牛皮编织而成，长鞭子长约250cm，短鞭子长约100cm。

▼ 短鞭子

▼ 长鞭子

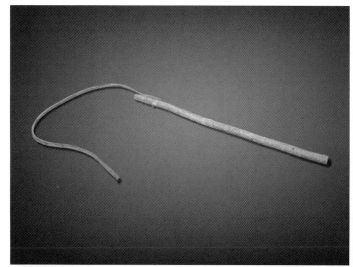

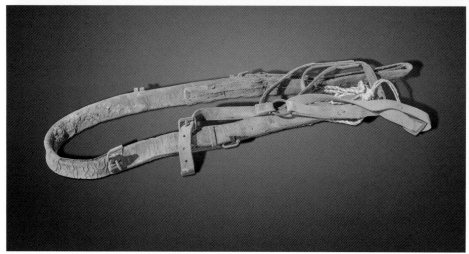

▲ 牛肚带　　　　　　　　　　　　　　　　　　▲ 牛撇绳

牛肚带与牛撇绳

牛肚带是围于耕牛腹部帮助其收腹发力的工具，一般为牛皮制作。牛撇绳是牵动和控制耕牛使其规范劳作的绳具，一头拴系在牛角或牛嘴部，另一头拴系在犁扶把上。

线绳与箩锤

　　线绳是用于畦垅取直的工具，不用时缠绕在箩锤上，使用时将线绳从箩锤上扯开。线绳两头拴绑坚实的小木楔，用于标定畦面宽窄。

▼ 线绳　　　　　　　　　　　　　　　　　　　　　　　　　　　　　　　▼ 箩锤

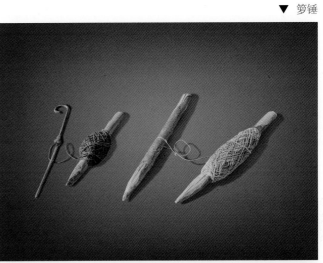

▲ 界石

界石

　　界石是用于划分、标定田地权属的标志，通常埋于地下，露半截。界石有石制、砖砌或木制之分。

▲ 木榔头

▲ 茬子笆

木榔头与茬子笆

木榔头是用于碎土和打玉米茬子的工具，木制，由榔头和木杆组成，榔头长约25cm，木杆长约120cm。茬子笆是用于梳理土壤、粉碎土块、平整土地、搂除作物茬子及杂物的工具。

◄ 耘锄

耘锄

耘锄是用于中耕、松土、除草和保墒的工具，外形似犁，使用时人扶畜拉。

刨镢与条镢

刨镢是用于刨地的工具，镢头与镢柄角度相对垂直，适宜刨荒开地。条镢是用于刨板结和硬质土壤的工具，镢头窄长板厚。

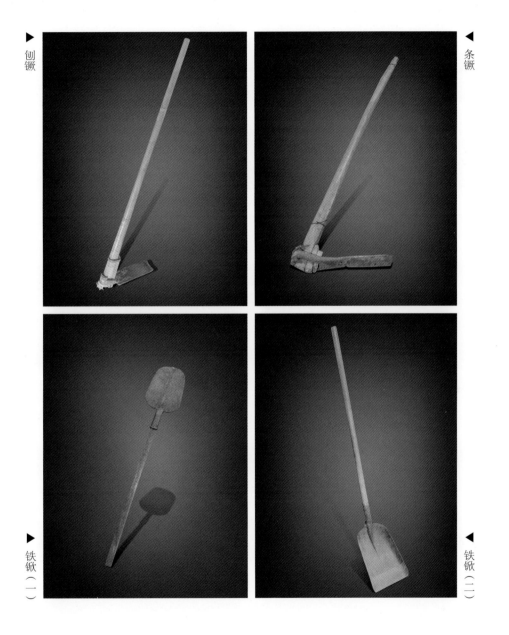

刨镢

条镢

铁锨（一）

铁锨（二）

铁锨

铁锨是用于铲土、挖坑、装卸的工具，由锨头和锨柄组成。锨头一般为铁质，有圆头和方形两种，锨柄为木制，长约150cm。

条锄

条锄主要用于条畦布埂、刨土、锄草，锄头呈长条形，也用于刨取马铃薯、红薯等块茎类作物。

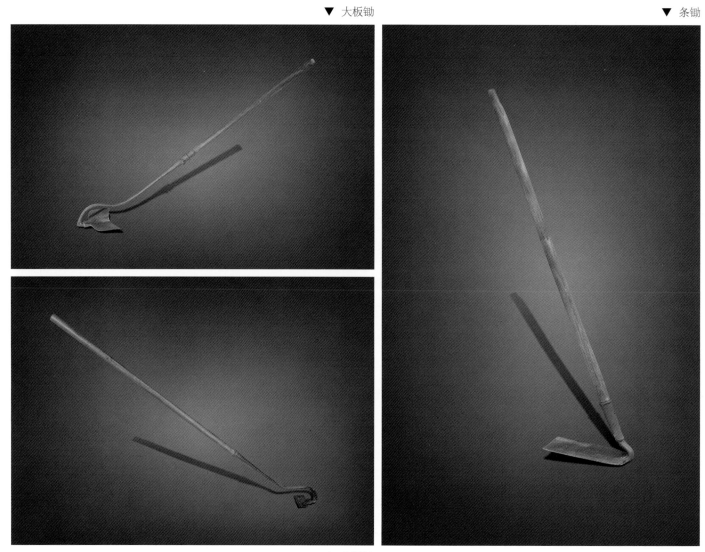

▼ 大板锄　　　　▼ 条锄

▲ 小板锄

板锄

板锄是用于耪茬、松土、锄草的工具，由锄头和锄柄组成，锄头为铁质，锄柄为木制。板锄根据锄头大小分为大锄和小锄，大锄又叫"头遍锄"，主要用来锄头遍地（又称"耪茬子"）；小锄又叫"二遍锄"，主要用来锄二遍地（松土、除草）。

薅锄

薅锄是用于菜地、花园等较小地块松土、锄草的工具，因形制较小，也被称为"小锄"。

▼ 薅锄

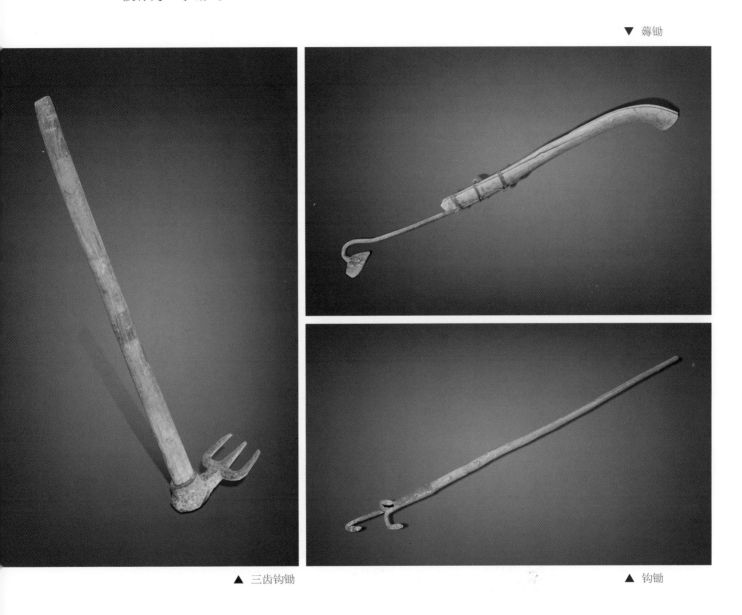

▲ 三齿钩锄　　　　　　　　　　　　▲ 钩锄

钩锄

钩锄是用于山地和板结土地刨锄、松土的带齿工具，由铁制齿钩和木制锄柄组成。

第二章　灌溉、保苗工具

　　灌溉指的是用提水工具、渠道、管道输水到农田，满足农作物生长所需水分的措施。水是生命之源，人畜生存需要水，作物生长也离不开水，人们除了靠近水源地垦荒种植外，还学会了开沟凿渠，引水灌溉。有了河道、沟渠，还要将水引入田地中，这就需要借助一些灌溉工具，早期的灌溉工具主要有桔槔、辘轳、水车、戽斗等。防虫害指的是保护农作物秧苗免受病虫灾害的农耕措施。在"靠天吃饭的年代"，农民在防止病虫灾害方面能做得很少，一旦灾害发生，粮食将会减产，甚至颗粒无收。随着科技的不断发展，人们通过改良品种、播种用药、喷洒农药来提高作物的存活生长能力。喷洒农药的主要工具是喷雾器。

▼ 桔槔

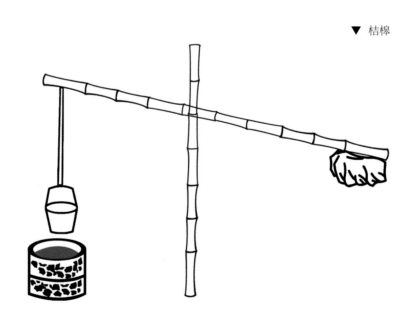

桔槔

　　桔槔，俗称"吊杆""称杆"，是用于汲水灌溉的较为原始的工具。桔槔由支架、杠杆、取水杆、水桶四部分组成。支架顶端是支点，杠杆后端悬挂重物，取水杆前端悬挂水桶，当人把水桶放入水中打满水以后，由于杠杆末端的重力作用，便能轻易把水提拉至所需处，一起一落，操作简便，节省体力。

▲ 水井

▲ 辘轳

辘轳

辘轳是借助轮轴原理制作而成的用于从井下取水的起重工具，由辘轳头、辘轳筒、摇把、井绳、支架、水桶等组成。辘轳作为传统取水工具，最早见于南唐诗词记载中。

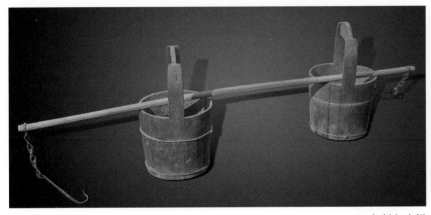

▲ 担杖与水桶

◀ 水瓢

担杖与水桶

担杖与水桶是用于挑运家庭生活用水和灌溉菜园、花园等较小块地的工具。担杖由木制而成，两端栓有铁质担钩。水桶有木制和铁制两种。

水瓢

水瓢是用于舀水工具，一般用葫芦壳截切而成。

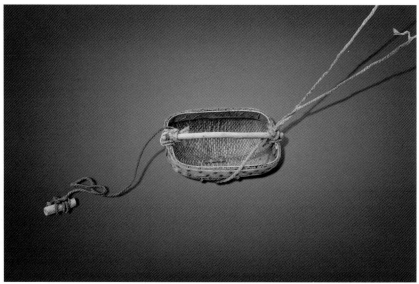

水笿与戽斗

　　水笿和戽斗都是用于汲水灌溉的农具，主要在菜地、花园等小型田地浇水使用，由笿和笿柄两部分组成。使用时先把笿投入水中，笿没入水后会自动翻转，把水盛满，然后用笿柄将水笿提出，完成取水。戽斗，鲁中地区俗称"亮斗子"，传统的戽斗由竹篾、藤条编织而成。戽斗的两侧拴系长绳，使用时两人对面而站，有节奏地配合用力，从沟渠、河道戽水入田。

龙骨水车

　　龙骨水车是一种古老的汲水灌溉农具，它始于东汉，因其有脚踏、水流、畜力拉动、手摇等多种动力模式，也被称为"翻车""踏车""拔车"。

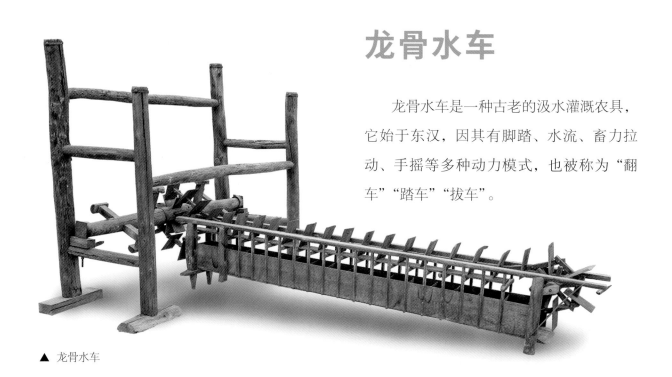

▲ 龙骨水车

筒车

筒车是中国古代用于汲水灌溉的工具，呈轮状，轮上挂有水筒，以流水驱动，也被称为"天车"。

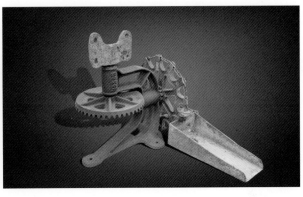

立式水车与卧式水车

立式水车又称"手摇水车"，是用于汲水灌溉的工具，主要由水车架子、齿轮、链条、水筒、簸箕等组成，有双手摇把，依靠人力摇动，进而拉动水筒内的链条，将水提至簸箕使之流出。卧式水车也是用于汲水灌溉的工具，通常使用畜力拉动。

▲ 胶囊水车

▲ 手推铁桶水车

手推铁桶水车与胶囊水车

　　手推铁桶水车与胶囊水车是盛水运输工具，多用于菜地、花园等较小地块的灌溉。

◀
压
水
井

压水井

　　压水井是利用真空原理抽取地下水的汲水工具，多用于菜园灌溉和家庭日常用水。

水缸

水缸

水缸是用于家庭生活与农业生产的小型储水工具，形状各异，大小不一，一般为陶土烧制。

喷雾器

喷雾器

喷雾器是防治病虫害的重要工具，由空气压缩装置、管路、喷嘴、背带等组成。它借助气压将药水或其他液体变成雾状，均匀喷洒在植物上。

▼ 洒葫芦

洒葫芦

洒葫芦是用于淋洒浇水的工具，由罐体、提手、水嘴、洒水头组成，常用来浇花、浇菜。

第三章　收割、搬运工具

　　粮食作物的收割，常被称为"抢收"，所谓"抢"指的是与天竞时，赶在雨季到来之前完成粮食作物的收获、晾晒。以北方地区的冬小麦收获为例，其收割一般是在芒种后的三、四天，虽无"连阴天"，但常有急雨。刚收割完的作物湿度大，还要经过一系列的脱粒、去壳、晾晒，才能贮藏。因此，抢收时间紧、任务重、强度大，称手的收割工具和搬运工具是必不可少的。

▲　麦子收割场景

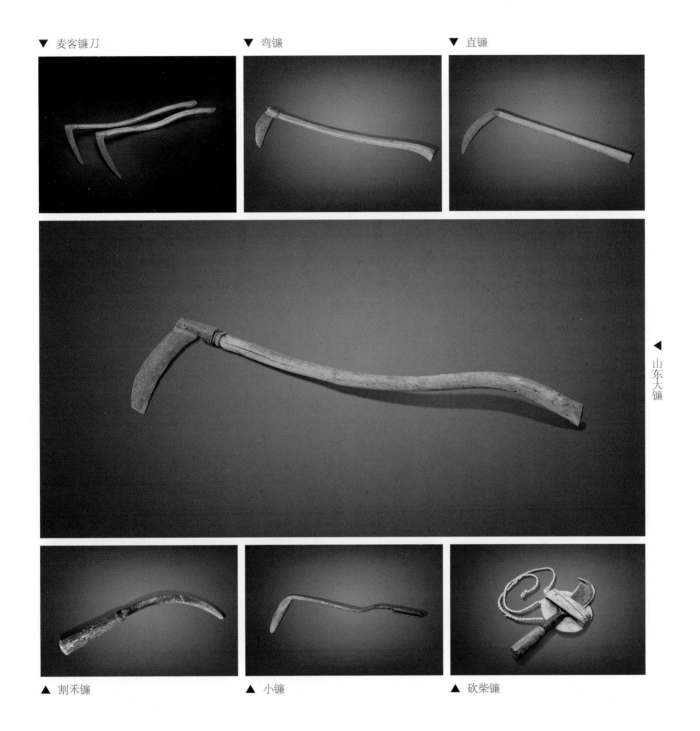

▼ 麦客镰刀　　　　▼ 弯镰　　　　▼ 直镰

▲ 割禾镰　　　　▲ 小镰　　　　▲ 砍柴镰

◀ 山东大镰

镰

　　镰，是用于农作物收割的工具，由镰头和手柄组成，镰头为铁质，手柄
为木制。早在新石器时代，先民们就利用石头或骨头打磨出了镰刀的雏形。
镰的种类有很多，若按造型分，有弯镰、直镰、小镰、钐镰等；若按功用
分，有麦客镰刀、割禾镰、砍柴镰等。

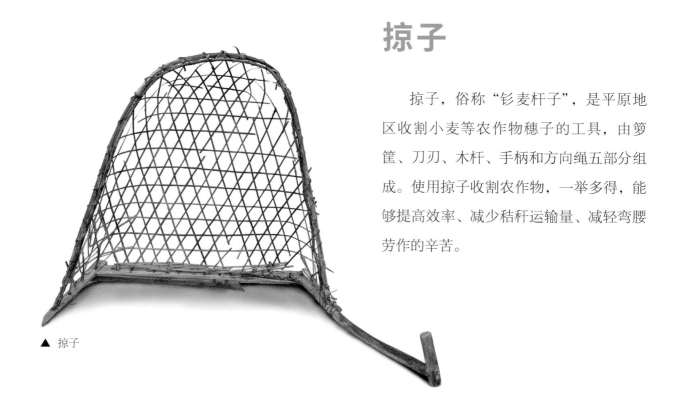

▲ 掠子

掠子

　　掠子，俗称"钐麦杆子"，是平原地区收割小麦等农作物穗子的工具，由箩筐、刀刃、木杆、手柄和方向绳五部分组成。使用掠子收割农作物，一举多得，能够提高效率、减少秸秆运输量、减轻弯腰劳作的辛苦。

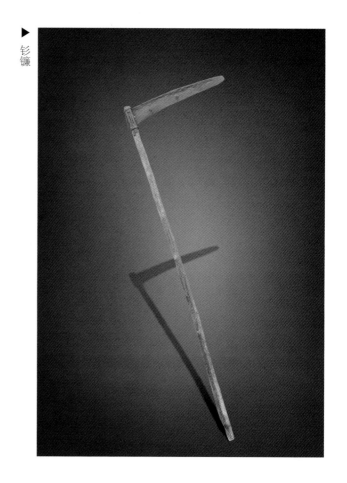

▶ 钐镰

钐镰

　　钐镰也叫"钐刀"，是用于湖区、盐碱地、草原畜牧区等荒草丛生地带收割植物的工具。它刃窄柄长，收割效率高。

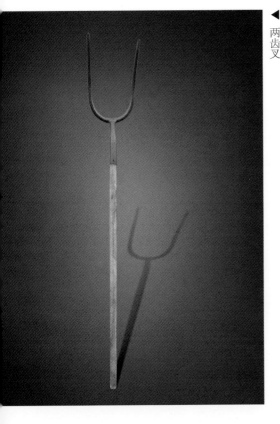

两齿叉

两齿叉

两齿叉，是用于叉、抛农作物结捆以及翻晒农作物秸秆的工具，由铁制插头和木制手柄组成。

草篓子

草篓子是用来捆扎麦子、水稻或其他作物秸秆的绳索类工具，鲁中地区俗称"麦约子"。草篓子多由稻草拧成。

草篓子

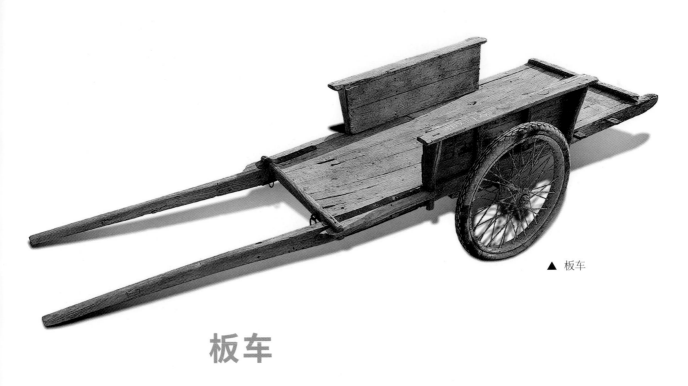

▲ 板车

板车

板车俗称"排子车"，是运输麦捆等农作物结捆及农业生产资料的工具，由车盘、车轮和长把组成，可以人拉或畜拉。

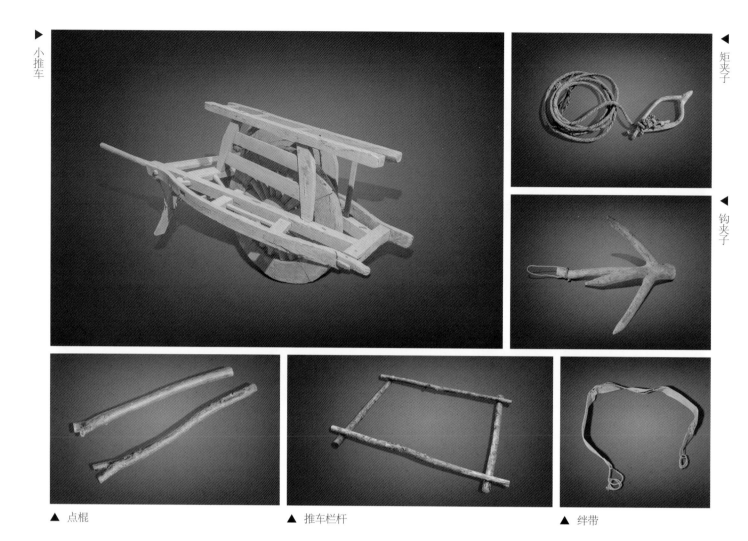

▲ 点棍　　　　　　　　▲ 推车栏杆　　　　　　　▲ 绊带

手推独轮车及配件

　　手推独轮车俗称"小推车""推车子"，是用于装载运输作物等生产资料的工具，由车架、车轮和把手组成，配件主要有绊、点棍、栏杆、矩夹绳、钩夹子等。绊，也称"绊带"，是帮助推车人发力和稳固车轮行进方向的工具。点棍，是支撑小推车停歇的工具。栏杆是扩大小推车农作物装载量的工具，由四根木杆按需绑固制成。矩夹绳是运输中用于捆绑农作物的工具，由"Y"形桑枝和麻绳制成。钩夹子是用于捆绑农作物和悬挂物品的工具，由天然木叉制成。

附：职业割麦人——麦客

　　中国北方地区的小麦成熟是自东向西的，产麦区麦子的成熟有时间差，这就使得一些晚熟区的农村劳动力可以走出家乡，以替人割麦换取微薄的收入，他们如候鸟一样迁徙游走，至自家产区时，小麦刚刚成熟，也不耽误自家的收割。这种以替人割麦的打工人，关中地区称之为"麦客"。麦客一般三五成群，或兄弟、或父子、或邻里，也有夫妻档的，一把镰刀，几捆麦绳，简单的被褥和几件换洗的衣物，便是他们的铺盖。关中地区历来有厚待麦客的传统，主家往往以当季产的新麦做成面食招待麦客，自己吃得差一点，也要麦客们吃饱吃好，也从不克扣、拖欠工钱。麦客风餐露宿，也勤劳肯干，吃苦耐劳，割完一家再去下一家，俗称"赶麦场"。

　　麦客曾是关中平原一道靓丽的风景，它的存在解决了过去夏收时间紧、任务重、劳动力不足的难题，在那个靠天吃饭的年代，麦客是抢收粮食的关键，也被尊为干活的"好手"。麦客与主顾之间形成的默契，也反映出中国传统农耕文化中质朴、诚信的一面。

尖担

捆麦绳

麦客收割场景

尖担与捆麦绳

　　尖担是麦客用来挑麦捆的工具，两头尖，带铁件。捆麦绳是用来捆扎麦捆的工具。

第四章　打场、贮藏工具

　　收割完的农作物要运送到指定场地（俗称"场院"）进行脱粒、去壳，并完成晾晒、储藏，这个过程叫作"打场"。以小麦打场为例，首先要将麦穗从麦秸秆上割离（捯麦），然后用碌碡对麦穗进行碾压（碾麦），再用木锨或簸箕将麦粒向空中扬抛，借助风力将麦壳和杂质吹走（扬场），然后将脱粒的麦子用竹笆、拖板等摊开晾晒（晒麦），最后将晒好的麦粒装运、贮藏，完成打场过程。

▲ 扬场场景

► 镰床

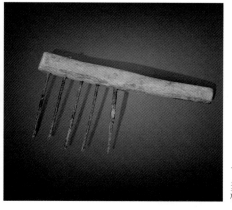

◄ 麦梳

镰床与麦梳

　　镰床是将麦穗从麦秸秆上割离的工具，由镰刀、床架（由木板或树杈制成）和蒲团组成。麦梳是用于梳离麦秸的工具，也叫"麦秸梳子"，由铁制梳齿和木柄组成。

碌碡

碌碡

碌碡，是用于压场和碾压谷物的工具，由石磙和裹子（木制或铁制）组成。

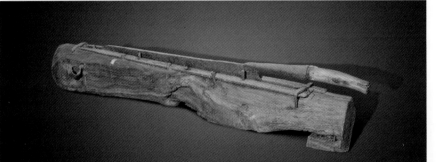

▲ 铡刀

铡刀

铡刀是在打场时将小麦等农作物铡断成段的工具，由铡床和铡刀两部分组成。

搂场耙

搂场耙，俗称"搂耙"，是掠场过程中将麦秸与粮食分离的工具。

搂场耙

蜡叉与排叉

蜡叉是打场过程中用于翻晒、分离、堆垛农作物的工具，由木制或铁制而成，分为二齿叉、三齿叉和四齿叉（排叉）。

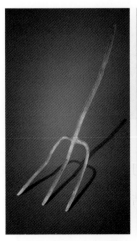

▲ 蜡叉

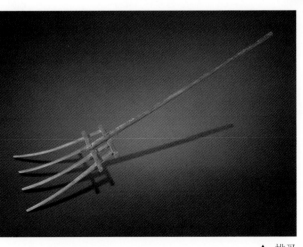

▲ 排叉

铁齿平耙与漏耙

铁齿平耙又称"钉耙"，是用于摊平或聚拢农作物的工具，有四齿、六齿、八齿、九齿之分，齿密的钉耙也可用于平整土地。漏耙是晾晒、翻动小麦及谷物的工具。

 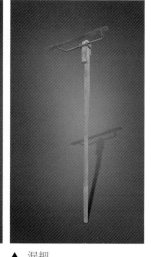

▲ 铁齿平耙　　　▲ 漏耙

摔墩子

摔墩子是用于分离花生与秧根的工具，将花生秧在带有漏孔的木制墩子上用力摔打，实现果秧分离。

▲ 摔墩子

花生脱壳器

花生脱壳器，是用于给花生脱壳的工具，通过人力来回摇动，促使摇把与弧形筛面相互挤压，从而将花生壳脱开并筛出。

◀ 花生脱壳器

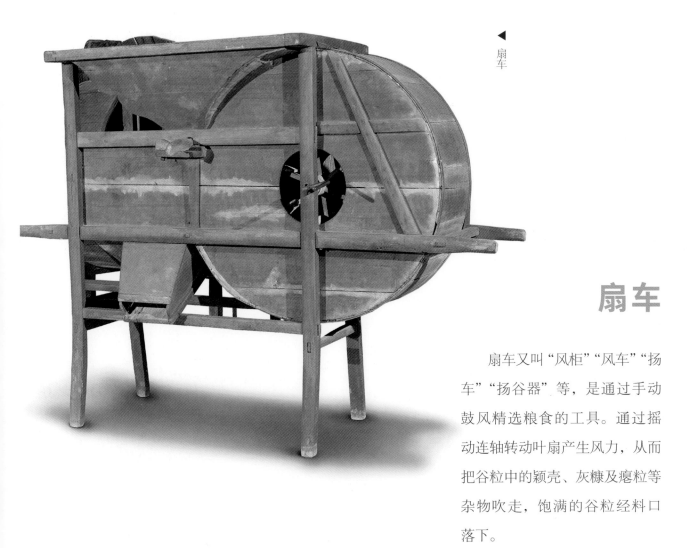

◀
扇
车

扇车

扇车又叫"风柜""风车""扬车""扬谷器"等，是通过手动鼓风精选粮食的工具。通过摇动连轴转动叶扇产生风力，从而把谷粒中的颖壳、灰糠及瘪粒等杂物吹走，饱满的谷粒经料口落下。

梿枷

梿枷，也称"连枷"，最早出现于春秋时期的齐国，是用于带壳谷物脱粒的工具，由手杆、敲杆和转轴组成。

▼ 梿枷

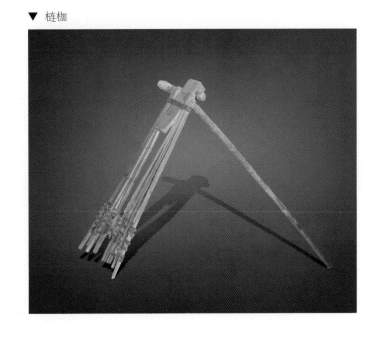

◀ 戽柜

戽柜

戽柜，也叫"戽桶"，是用于稻谷脱粒的工具，底窄口宽，呈四方形，边长约200cm，高度约60cm。戽柜的四边有木制的把手，使用时由几人共同抬放至田间地头，边收割边对着戽柜内壁用力摔打，使稻谷颗粒脱离，落入仓底。

▼ 老式打稻机

老式打稻机

老式打稻机，是通过人力脚踏促使谷物去壳脱粒的工具，由脚踏板、转轴、滚筒、木仓等组成。

砻

▶ 砻

砻，是用于稻米脱壳的工具，由上臼、下臼、竹盘、推柄、支架等组成，形如石磨，通过上下臼转动研磨使谷粒脱壳。

▼ 对窝

对窝

对窝，也称"碓窝"，是用于稻谷去壳的工具，由米臼、碓身、碓尾、杵头、脚踏等组成。

手摇玉米脱粒机

手摇玉米脱粒机，是用于玉米脱粒的工具，由木制底板、铁制摇把和脱粒仓组成。

▲ 手摇玉米脱粒机

▲ 簸箕

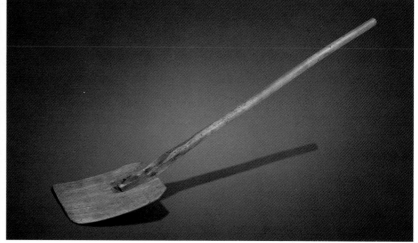

▲ 木锨

簸箕与木锨

簸箕，是用于扬场、颠簸糠尘及谷物晾晒的工具，一般用柳子条和丝线编织而成。木锨也叫"扬锨"，是在扬场时用于铲取、装运、扬撒谷物的工具，由木制锨头和锨柄组成。

▼ 拖板

▼ 推板

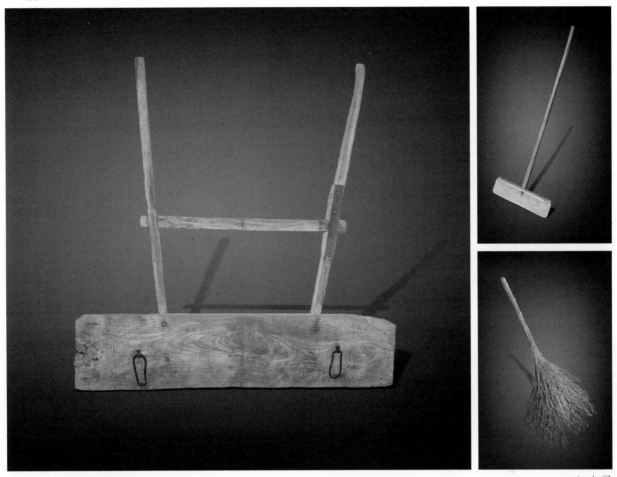

▲ 扫帚

推板、拖板与扫帚

推板是麦场堆聚、翻晒粮食的工具。拖板，是用于谷物摊晒或打堆的工具，由一人扶柄，两人拉动。扫帚，是用来掠场、扫垃圾、除尘土的工具，由细竹枝条捆扎而成。

▶ 竹笆

竹笆

竹笆是用于勾翻谷物、搂除杂物的工具，由扇形笆面和笆柄组成，笆齿用竹片折钩制成，笆柄由细木杆制成，长约180cm。

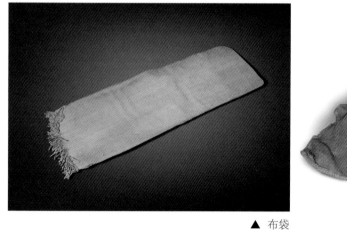

▲ 布袋

▲ 麻袋

布袋与麻袋

布袋是用粗棉线编织的帆布口袋，宽约40cm，长约160cm。装上粮食后便于人抬肩扛、牲畜驮运。麻袋，是用于储存或装运粮食的口袋型工具，用麻皮编织而成。

▲ 苇褶

◀ 苇席

苇席与苇褶

苇席，是打场时晾晒粮食、盖垛遮雨、铺粮囤或粮仓底面的工具，由芦苇编织而成。苇褶，是用于增加粮囤或粮缸盛粮高度和数量的工具，一般用芦苇编织而成，长300～400cm，宽约35cm。

▼ 粮缸

▼ 粮瓮

粮缸

粮缸，也称为瓮，是用于储存粮食的容器，由陶土烧制而成，大小不一。

▲ 粮囤

粮囤

粮囤，是用于囤放粮食的容器，一般用蜡条、棉槐、荆条等枝条编织而成，粗细高矮大小不一，内壁用鲜牛粪与土和泥涂抹，能通风、防虫、防霉。粮囤常与苇褶配合，用以加高，增加容量。

▼ 铲勺

铲勺

铲勺，是用于从粮缸等容器中铲取谷物和面粉的工具，由整块的木料凿制而成。

第五章 辅助工具

　　农耕中的计量工具指的是用来量取谷物多少的工具，传统的粮食计量工具并不采用重量计量，而是容量计量，主要的工具为合、升、斗、石，合是最小的单位，石是最大的单位，合与石并不常用，升与斗则是较为常用的计量工具。

　　农耕中的辅助工具是指在农耕中起辅助作用的容器及其他工具。虽然这些工具并不直接参与农业生产，但也是不可或缺的，如遮阳避雨的斗笠、蓑衣，夜间起风打场时的照明工具等。

▼ 升与斗

▶ 方升

◀ 圆升

升 　　升，是用于计量粮食多少的工具，有方升、圆升之分。方升多为木制，梯形立方体，其敞口大而底小；圆升多为柳编或竹编，口略小而肚大。

方斗

圆斗

斗

斗，是用于计量粮食多少的工具，分方斗和圆斗，形制似升，但尺寸比升大得多，十升为一斗。

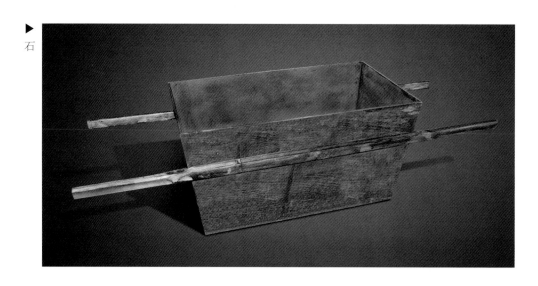

石

石

石，是用于计量粮食多少的大号工具，其形状上大下小，边长宽短，两边各配有一根木杠便于抬运。

木插

木插，是用于分装、铲取粮食的木制工具。

木插

▼ 钩子秤

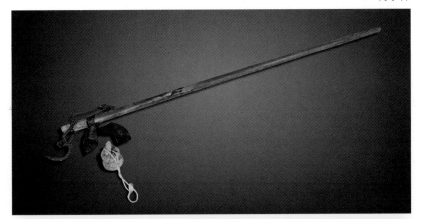

钩子秤与磅秤

钩子秤，是用于称粮食的衡器工具，也被称为"大号杆秤"，由秤杆、秤钩、提纽、秤砣等组成。磅秤，又称"台秤"，是用于称取物品和粮食的工具，主要由秤体、传感装置、秤杆、标盘、秤砣等组成。

▲ 磅秤

▼ 算盘

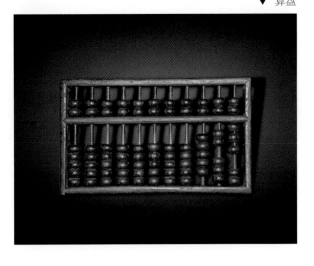

算盘

算盘，是用于计算的工具，距今已有2600多年的历史。

避雨遮阳工具

　　农耕中的避雨工具主要是蓑衣、苇笠、斗笠等，其中苇笠、斗笠也用于遮阳。蓑衣，是用于遮蔽雨水的工具，北方蓑衣多用蒲草和茅草编织为一件整体；南方蓑衣多为棕叶制作，分上衣和下裙两部分。蓑衣上紧下宽，既便于雨水外流，也便于穿着后劳作。斗笠，是用于遮阳挡雨的圆帽形工具，有很宽的帽檐，由竹篾夹油纸或竹叶棕丝等编织而成。苇笠，也是用于遮阳挡雨的工具，多为六角形，主要用芦苇秸秆制作而成。《诗经》有云"尔牧来思，何蓑何笠"，说明早在春秋时期，人们就已经开始使用斗笠和苇笠。

棕子蓑衣

苇子蓑衣

斗笠

苇笠

▼ 罩子灯　　　▼ 豆油灯

▲ 保险灯　　　　　　　▲ 手电筒　　　　　　　▲ 汽灯

照明灯具

传统农耕虽说是"日出而作，日入而息"，但农忙时间，夜晚也不能闲着，在电力照明普及之前，豆油灯、保险灯、罩子灯、汽灯都是常用的照明工具。豆油灯是农村最早使用的是照明工具，以豆油为燃料。保险灯，有的地方也叫"马灯"，以煤油为燃料的手提式灯具，带玻璃灯罩，可以移动、悬挂，且能防风。罩子灯带有玻璃灯罩，以煤油为燃料，防风、明亮。汽灯是以煤油或石蜡油为原料，通过气体燃烧、照明，照明亮度和距离远超保险灯，使用过程中需要手动打气。手电筒是在中华民国初年传入我国的照明工具，有电筒、电池组成，照明范围小、亮度高，携带使用方便。

▲ 笸箩

▲ 笓篮

笸箩与笓篮

笸箩，是用于盛放、晾晒、擦洗粮食谷物的工具，呈圆形或方形，一般是用柳条或竹篾条编织而成。笓篮，是用于盛放、晾晒物品的工具，一般用柳条或荆条编织而成。

▼ 筅子

▼ 架筐

▼ 提篮

筅子

筅子，又叫"筅筐""筅篓"，是用于盛放食品和物品的工具，由筅筐和把手组成，筅筐用柳条编织而成，把手由木头制作。

架筐

架筐，是用于装载、运送粪肥与物品的工具，由篮筐和三根把手组成，一般用蜡条、荆条、棉槐等编织而成。架筐通常两个为一组，配合扁担使用。

提篮

提篮，也叫提筐，是用于盛装蔬菜、水果、蛋类等农副产品的工具，由篮筐和把手组成，一般由荆条、柳条、蜡条或竹篾编织而成。

▲ 风箱

◄
锅
灶

锅灶与风箱

锅灶，是农村家庭蒸煮烹饪用的工具，多由砖或土坯、白灰、泥草、大铁锅等垒砌而成，与风箱配合使用。

▼ 扁筐

▼ 汤罐

▼ 粗瓷碗

扁筐

汤罐与粗瓷碗

扁筐，是用于盛装食品或农副产品的工具，由篮筐和把手组成，由荆条或蜡条编织而成。

汤罐，是下地农作时盛放热水、稀饭、粥等汤类食品的工具，有罐体、顶盖和鼻环组成，一般为陶瓷制品。粗瓷碗，是用于喝水、盛装饭菜的饮食工具。

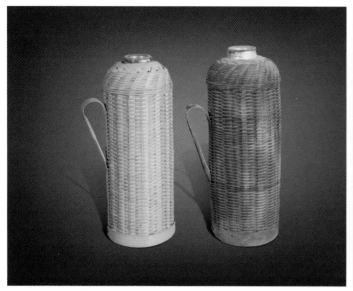

▲ 暖壶

▲ 燎壶

暖壶与燎壶

　　暖壶，是用于盛装热水并具有保温功能的容器，由内胆、外皮和把手组成，内胆为保温玻璃制作，外皮和把手一般为竹编或铁质。燎壶，又称"烧水壶"，是用来烧热水的工具，有铁制或铜制。

◀

红薯切片机

红薯切片机与刮刀

　　红薯切片机与刮刀是用于红薯切片的工具。

▼ 刮刀

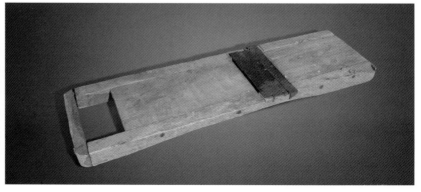

烟苗

石杵

筐箩

拱棚支架

皿子刀

▲ 泥匙

烟苗移栽、保墒、护苗工具

烟苗移栽、保墒、护苗工具主要有皿子刀、筐箩、石杵、拱棚支架等。皿子刀，又称"泥匙"，是用于挖烟苗垛的工具。筐箩，是盛装搬运烟苗的工具。石杵，是烟苗种植移栽前后用于压实烟畦和墒土的工具。拱棚支架，是用于搭建烟苗拱棚的工具。

▲ 绑扎烟叶

◀ 编烟杆

◀ 筛子

筛子与编烟杆

　　筛子，是用于筛滤烟苗畦土和筛除杂质的工具。编烟杆，是用于编、绑烟叶的支杆，编好后挂置烘烤房进行烘烤，通常由木杆或高粱秸捆扎而成。

▼ 分烟场景

▲ 烘烟场景

▼ 烘烟屋

烘烟屋

　　烘烟屋，俗称"烟屋子"，是用于烘烤黄烟的房屋。

第二篇

面食加工工具

面食加工工具
（以馒头、面条、烧饼、油条为例）

　　中国以秦岭淮河一线作为分界线，北方地区以小麦种植为主，将小麦去麸净化后，用碾、磨等工具压碎、研磨，即获得小麦粉，也就是我们通常所说的"面粉"，根据面粉中蛋白质含量的多少，面粉又可分为高筋面粉、中筋面粉、低筋面粉和无筋面粉，利用各种面粉的特性，制作出形式各样、风味迥异的面食，是北方地区饮食文化的一大特色，其形式之多不下百种，风味之别更有千家。就如同南方人喜食米食一样，北方人始终对面食情有独钟，这一点，即使是在物质极其丰富、南北交流极其频繁的今天，也未曾有大的改变。中国人对故土乡情的眷恋，也在饮食文化中体现得淋漓尽致。

　　以鲁中地区为例，这里的人们似乎对"馒头、面条、烧饼、油条"这四种面食格外钟情。馒头是日常主食中不可或缺的一种，一日三餐虽不能顿顿有馒头，但馒头依旧是出场率最高的主食，在鲁中地区，馒头作为主食的头把交椅是无人可以撼动的；面条，如今是司空见惯的主食，但在贫苦年代，算得上是主食中的奢侈品，过去只有在老人祝寿、儿童百岁、嫁娶新妇或节庆之日才能出场，出门在外，若是能吃上一碗热汤热水的"热汤面"，那也算是犒劳自己的一场辛劳了；烧饼，虽是一种古老的面食，但在普通人家看来，算是面食中的稀罕物，鲁中地区以淄博周村出产的芝麻烧饼最为有名，作为一种烤烙面食，其蕉香四溢并以芝麻点缀，实在是令孩童垂涎；油条，虽由面粉制作而成，但早已淡去了他北方食品的属性，成为全国皆有的一种油炸食品，并且长期盘踞国人早餐榜的前列。

　　本书将以这四种主食为例，了解它们的制作加工工具。

第六章　面粉加工工具

　　面食制作的原料是面粉，由小麦研磨而成，加工过程中会使用石碾、旱磨、面缸、笤帚、面箩等工具。

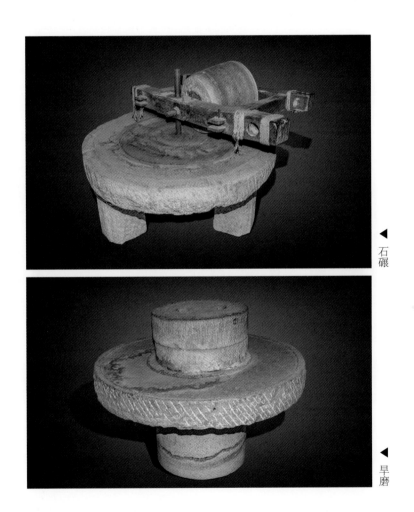

◀
石
碾

◀
旱
磨

石碾与旱磨

　　石碾，是用于小麦碾压破碎去皮的工具，主要由碾砣、碾盘、碾轴、木框架等构成。旱磨，是用于将碾碎的小麦研磨成粉末的工具，主要由磨盘与磨等部分组成，多由花岗岩制成。石碾与旱磨多由人力或畜力拉动。

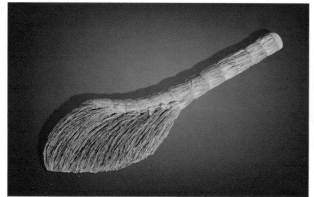

▲ 笤帚

笤帚

　　笤帚，是用于清扫石磨、堆扫面粉的工具，用黍子笤穰和细麻绳制作而成。

▲ 面缸

面箩与箩床

面缸

　　面箩，是将研磨后的面粉筛除麸皮的工具，由箩圈和箩底组成，通常配合箩床使用。

　　面缸也叫"面瓮"，是用来盛放面粉的容器，通常为陶瓷制，大小不一。

▲ 面箩

▲ 箩床

▲ 笸箩

笸箩

笸箩，是用于筛面或临时盛面的工具，由柳条编织而成，型号大小不一。

面插子

面插子，是用于从面缸中插取面粉的工具，有木制和铁制。

▲ 面插子

第七章　馒头加工工具

　　从面粉到馒头的华丽转身，需要经过和面、塑形、蒸制三道工序，每道工序都会用到一些专门工具，有了趁手工具，人们便能制作出形制饱满、口感劲道的馒头。

工序一：和面

　　和面是在面粉中加水，利用酵母使其发酵，通过揉搓使之成为富有弹性的面团的过程，也称发面、呛面。和面过程中主要用到的工具是面盆、舀子和案板。

▲ 和面

▲ 案板

案板

　　案板，是用于面食揉搓、切割、塑形的工具，为平板状，木制，根据需要，大小不一。

▲ 面盆

面盆

　　面盆，是用于盛放、搅拌面粉，揉搓面团的和面工具，一般为瓷制，大小不一。

▲ 瓢

▲ 面插子

瓢

　　瓢，是和面过程中用于舀水、加水的工具，有木制、铁制、铜制等。

工序二：塑形

　　塑形是将发酵好的面团挤压、揉搓、切割进而塑造为馒头形状的工序，主要用到案板、面刀、炊帚、顶盖等工具。

馒头塑形

面刀

炊帚

面刀与炊帚

　　面刀，也叫"切面刀"，是用于切、割面团的工具，由铁制刀身和木制刀柄组成。炊帚，是馒头制作过程中对面团进行洒水的工具，用高粱穗苗和细麻绳绑扎而成。

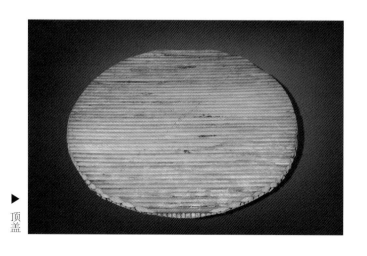

顶盖

顶盖

　　顶盖，是用于摆放塑形后面坯的工具，由高粱杆和麻绳编制捆扎而成。

笤帚

笤帚是用来扫除案板多余面粉的工具，用黍子苗和麻绳绑扎而成。

▲ 笤帚

工序三：蒸制

蒸制是将塑形后的面坯放入笼屉中，通过蒸汽加热使之成为可食用馒头的工序。蒸制过程使用的工具主要有大锅灶、笼屉、笼布、风箱、竹箅子、锅盖等。

▲ 锅灶与笼屉

▲ 风箱

锅灶与风箱

锅灶是蒸馒头时通过燃烧产生蒸汽的工具，由炉膛、锅台、大锅组成，蒸馒头时配合笼屉使用。风箱，蒸馒头时用于锅灶鼓风、调节火候的工具，一般为木制。

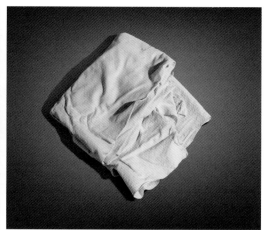

▲ 笼布

◀

笼
屉

笼屉与笼布

　　笼屉是用于盛放、蒸制馒头的工具，由木、竹制成，一般为圆形。蒸馒头时将笼屉放在大锅灶上，几架大笼屉摞起来蒸汽四溢，香气蔓延，场面甚是壮观。笼布是蒸馒头时用于隔离馒头与箅子，防止两者粘连的工具，一般由棉布制成。

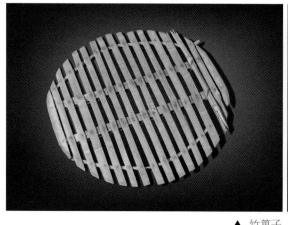

▲ 竹箅子

▲ 锅盖

竹箅子与锅盖

　　竹箅子，俗称"馏箅子"，是用于较少量馒头蒸馏的工具，呈圆形，由木框、竹片、藤条皮绑扎而成。锅盖，俗称"拍盖子"，是用于蒸馏时保温盖锅的工具，一般是用麦秸与藤条皮编织而成，顶部带有把手。

▲ 铲刀

铲刀

铲刀，是用于铲取蒸熟出锅馒头的工具，可以防止馒头与笼布粘连，同时避免手指烫伤，由木制刀柄与铁制刀身组成。

▲ 蒲囤

蒲囤

蒲囤，也叫"饭囤子""茅囤"，是用于盛放馒头、包子、花卷等面食的工具，一般用蒲草、麦秸、藤条皮编织而成，配合笼布使用，具有透气、保温、保湿、防霉的功能。

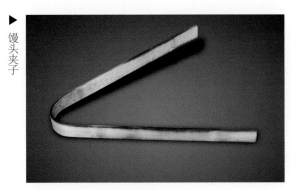

◀ 馒头夹子

馒头夹子

馒头夹子，是用于夹取馒头的工具，由整片竹子弯曲制作而成。

笆箩

笆箩，是用于盛放馒头等食物的工具，由柳条或篾条编织而成，型号大小不一。

▼ 笆箩里的馒头

第八章　面条加工工具

面条的样式、种类有多种，以挂面为例，其加工工序包括磨面、和面、醒面、开大条、扯小条、盘条、醒条、拉条、切条等多道工序，因部分工序与馒头制作相同，本章不再赘述，仅介绍盘条、醒条、拉条、切条四道工具中的常用工具。

工序一：盘条

盘条，是指将面团制作成手指粗细的条状物的工序，主要使用擀面杖、扦桶、插扦杆和竹扦等工具。

▼ 开大条　　　　　　　　　　　　　　　　　▼ 盘条

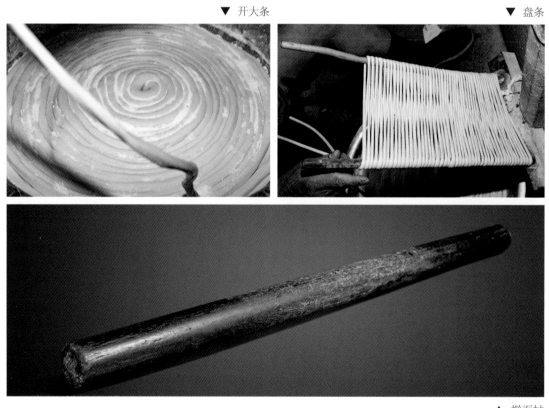

▲ 擀面杖

擀面杖　　擀面杖，是用于擀压面团的工具，由硬木制成，视需求不同粗细有别，长短不一。

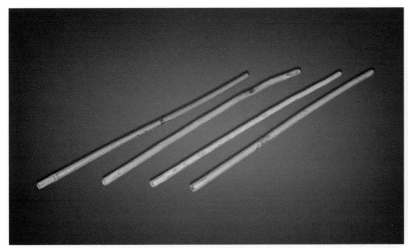
▲ 竹扦

▲ 扦桶

竹扦与扦桶

竹扦，是用于盘面条、悬挂晾晒面条的工具，由一指粗的竹竿制作而成，长约45cm。扦桶，是用于盛放竹扦的工具，一般为木制或竹制。

插扦杆

插扦杆，是盘条中用于插入竹扦的工具，由长木杆制成，中间带有孔洞，方便竹扦插入。

▲ 插扦杆

工序二：醒条

醒条是将盘条完成的面条，悬放于醒条箱内，进行二次醒发的过程。

▼ 醒条场景

▲ 醒条箱

醒条箱

醒条箱，是用于面条二次醒发的工具，箱体通常由白铁皮包裹，箱口边长约40cm，高约60cm。

工序三：拉条

拉条是让面条依靠自身重量自然下坠拉扯的过程。拉条过程中使用的工具主要有拉条架、压棍和板凳。

▶ 拉条场景

◀ 拉条架

拉条架

拉条架，是用于晾晒面条的工具，由横杆和竹扦组成，横杆距离地面一般在200cm以上，长度在400～500cm。

▼ 压条场景

▼ 压棍

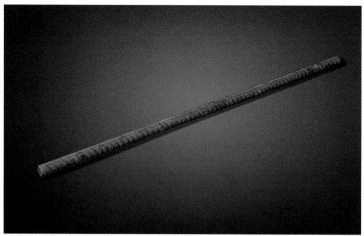

压棍

压棍，是用于加速面条下坠的工具，由钢筋制成。

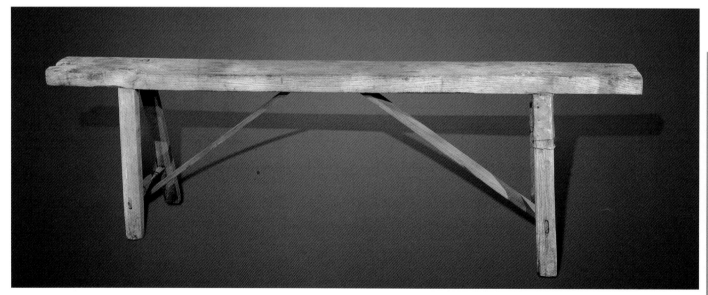

▲ 板凳

板凳

板凳，是用于登高晾晒面条的工具，一般为木制。

工序四：切条

切条是将晾干的面条进行切割，以便包装销售或贮藏的过程。切条的主要工具是切条刀和比子。

▼ 切条刀

▼ 比子

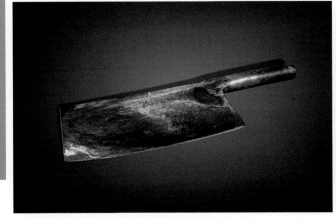

切条刀与比子

切条刀，是用于切割晾晒后面条的工具。比子，是用于闯齐面条、确保
面条切割整齐的工具，一般为木制。

▲ 挂条场景

▲ 成品挂面

第九章　烧饼加工工具

　　烧饼的加工制作包括选料、研磨、配料、混炼、分坯、揉剂、延展、着麻、烘烤等工序，本章以"周村烧饼"为例，着重介绍烧饼的分坯、揉剂、延展、着麻、烘烤过程使用的主要工具。

工序一：分坯

　　分坯是使用分坯刀将大面团分割成薄饼状面坯的过程。

▶ 分坯刀

分坯刀

　　分坯刀，是用于将大面坯铡切成小剂子的工具，用白铁皮制作而成，白铁皮的一侧卷起便于持握。

工序二：揉剂

　　揉剂是将切割后的小面团进行揉炼加工，使其再次醒发的过程，一般会用到案板和剂子盘两项工具。

▼ 烧饼案板

烧饼案板

　　烧饼案板，是用于分坯、揉剂操作的工具，与一般的案板相比，制作烧饼的案板略狭长。

剂子盘

剂子盘

剂子盘，是用于盛放、醒发剂子的平板，一般为木制。

工序三：延展

延展是将球状剂子放在延盘内，用手蘸水延展成圆而薄的生饼的过程。

▲ 烧饼延展工艺

▲ 延展台

延展台

延展台，是用于将球形剂子延展成圆形薄饼的工具，可旋转操作。

工序四：着麻

着麻是将炒熟的芝麻均匀附着于生饼上的过程，着麻过程会用到晃盘、盆、勺、炊帚等工具。

◀着麻场景

◀盆

◀勺

◀炊帚

盆、勺与炊帚

　　盆，是用于盛装熟芝麻的工具，多使用陶瓷盆或搪瓷盆。勺，是用于挖取、抛洒芝麻的工具。炊帚，是用于清扫芝麻的工具。

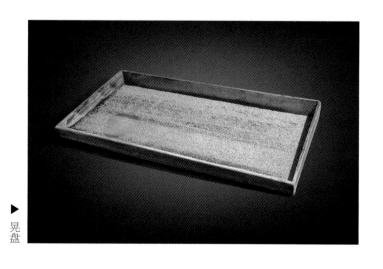

▶晃盘

晃盘

　　晃盘，是用于盛放芝麻并使其附着于生饼之上的工具，一般为木制长方形盘子，使用时需要左右摇晃，故称"晃盘"。

工序五：烘烤

　　烘烤是将着麻的生饼烤制成烧饼的过程。着麻的生饼要立马贴在烘烤炉内的鏊子上。操作者左手托起生饼，迅速转移到靠近炉口的右手上，右手五指伸展，顺势快速伸入炉内，靠腕力将生饼抛出、贴上。炉火温度一般掌握在200℃左右，4min内即可烤成。操作者一面不断地将生饼送入炉膛，一面随即把烤好的烧饼铲下取出。当然，也有用笤帚类的工具代替手贴烧饼的。

▶ 烧饼烘烤工艺

◀ 吊炉

吊炉

　　吊炉，是用于烘烤烧饼的工具，其主要构造是一口倒扣的铁锅，以草、泥和白灰制成灶，下部烧木炭、锯末等。

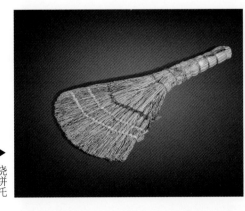

▶ 烧饼托

◀ 烧饼筐箩

烧饼托与烧饼筐箩

　　烧饼托，是用于往吊炉中输送、抛贴生饼的工具，即小型的、扇面扁平的笤帚。筐箩，是用于盛放烧饼等物品工具，由竹篾和藤条编制而成。

第十章　油条加工工具

油条的制作工序主要包括和面、切面、油炸、风凉及售卖等环节，本章主要介绍后四个工序中的使用的工具。

工序一：切面

切面是将和好的面团切割成长柱，然后将长柱两两叠加，再切割成小长条的过程。切割时，长条两端点不必切断，切割后捏住端点向外翻转，就可以放入油锅了。

◀ 切面场景

▶ 油碗

▲ 案板

油碗与案板

油碗，是用于盛放油和刷子的工具。案板，是用于盛放面团或作为切面垫板的工具。制作油条的案板通常为木制长条状。

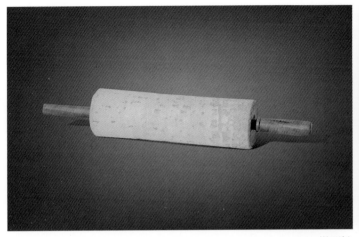

▲ 擀面杖

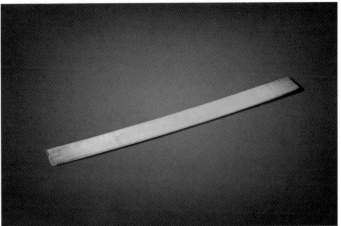

▲ 竹片

擀面杖与竹片

　　擀面杖，俗称"擀棒柱子"，是用于将面团擀成饼状的工具。竹片，是用于制作单股油条的塑形工具。

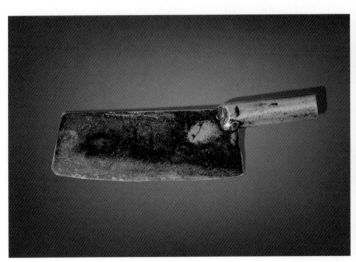

▲ 大面刀

▲ 小面刀

面刀

　　面刀是用来切割面团、用于油条塑形的工具，有大面刀和小面刀之分。大面刀，主要用于切割面团，刀刃长约20cm。小面刀用于面团的切割、塑形，刀刃长约10cm。

工序二：油炸

　　油炸，是将面柱放入油锅炸熟的过程，油炸过程中使用的工具较为丰富，有油锅、长筷子、油条钩子与笊篱、舀子与搪瓷盆、油罐与油桶等。

▲ 炸油条场景

◀ 油锅

油锅

　　油锅，又称"油条炸锅"，是用于加热油来炸油条的工具，多为圆口大铁锅。

长筷子

▲ 长筷子

长筷子，是用于翻动、夹取油条的工具，木制，长约50cm。

▼ 油条钩子

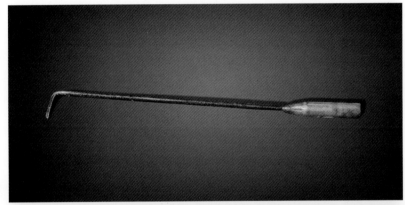

油条钩子
与笊篱

油条钩子，是用于翻动、钩取油条的工具，一般为铁质，长约60cm。笊篱，是用于舀取油条以及帮助油条沥油的工具，由铁质笊篱头和木制把手组成。

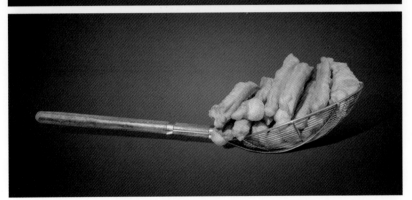

▲ 笊篱

▼ 搪瓷盆   ▼ 舀子

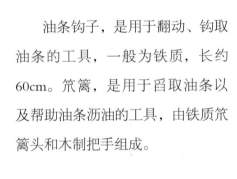 

舀子与搪瓷盆

舀子，是用于舀取食用油的工具。搪瓷盆，是用于盛放食用油的工具。

▲ 油罐

▲ 油桶

油罐与油桶

油罐，是用于盛放炸过油条的食用油的工具。油桶，是用于盛放未使用食用油的工具，由铁皮制成，带有把手。

工序三：风凉

风凉，是将炸至成熟的油条捞出后，在晾晒架上进行控油和冷却的过程。

▲ 箩筐

箩筐 箩筐，是将风凉后的油条置放其中待售的工具。

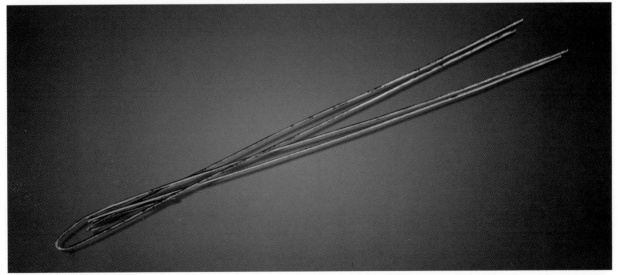

▲ 控油杆

控油杆 控油杆，是用于油条控油冷却的工具，一般用铁丝对折而成。

工序四：售卖

油条售卖主要用到的工具是油条夹子和杆秤。

▼ 油条夹子

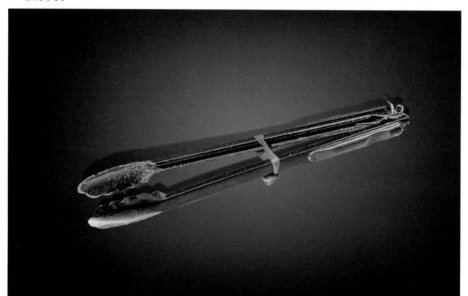

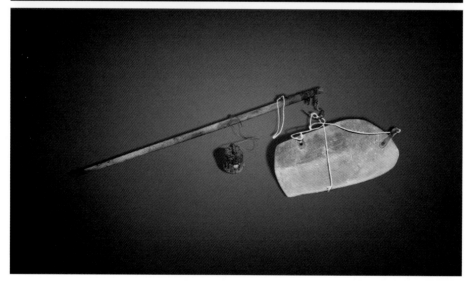

▲ 杆秤

油条夹子与杆秤

油条夹子，是用于夹取油条进行售卖的工具，多为竹制，也有不锈钢材质。杆秤是售卖油条时，称量油条的工具。

第三篇

米食加工工具

米食加工工具
（以元宵、粽子为例）

　　元宵节是春节过后的第一个传统节日，习俗有很多，如赏花灯、吃元宵、猜灯谜、游龙灯、舞狮子、踩高跷、打太平鼓等，元宵是元宵节的节庆食品。关于元宵节的起源，民间一般认为是汉武帝为天下臣民祈福避祸而定。相传汉武帝时期，宫中有一宫女，名叫"元宵"，善作汤圆，却因思念家人痛不欲生，谋士东方朔见状便心生一计，谎称正月十五火神祝融下凡，将有大火焚烧帝阙，汉武帝忙向东方朔求教破解之法。东方朔说："陛下可命人张灯结彩，游龙舞狮，下令家家户户制作汤圆，悬挂贴有元宵二字的灯笼，开放宫禁城门，与民同乐，或可欺瞒上苍，躲过此劫。"汉武帝依此而行，元宵姑娘的家人看到到处是贴有女儿名字的灯笼，便循着灯笼与女儿团圆了。

　　虽然只是传说，却说明元宵寓意团圆，表达了人们对美好生活的一种向往和期盼。故事中的元宵是由汤圆演变而来，很多人也认为元宵即是汤圆，只是叫法不同，北方常称"元宵"，南方多叫"汤圆"。但元宵和汤圆还是有一定区别的。首先在制作方法上，元宵是将馅料滚动，裹上糯米粉制成，汤圆是调浆和粉后，包裹馅料制成。其次是口味上，北方以甜馅料为主，南方则是甜咸馅料皆有。滚制的元宵因为用的干粉，所以蒸煮时间要比汤圆长6~7min，就连在贮藏时，也是比较容易干裂。

　　元宵的制作工艺不算复杂，主要分为备粉、制馅、滚圆三个步骤。

　　粽子属于中国传统节日"端午节"的节日食品，但人们食用粽子又不仅限于端午节这一天，更多的时候，粽子是作为一种早餐出现在国人的餐桌上。粽子以糯米为主要原料，内有馅料，以粽叶包裹，以草绳捆绑，制作简单。食用时，解开绳子、粽叶，不用任何辅助工具，以手捧之便可食用。所以，粽子跨越了节日的限制，成为南北各地广泛食用的一种传统米食制品。

　　"端午节"和粽子相传起源于纪念爱国诗人屈原。与其他食品不同，粽子在南北各地鲜有别的称呼，但南方和北方的粽子口味却大不相同。北方多以红枣、豆沙等甜馅为主，多为"甜粽"；南方人以纯糯米、肥肉、瘦肉、咸蛋黄等为馅料，口味较咸，多为"咸粽"，也叫"肉粽"。无论是甜粽还是咸粽，其制作步骤都较为简单，主要包括净洗、包裹、蒸煮三道工序。

第十一章 元宵加工工具

工序一：备粉

备粉是将大米研磨成米粉的过程，可以干磨也可以水磨，水磨粉更加细腻，口感嫩滑，更适合做元宵。备粉使用的主要工具有水磨、布袋、箩筛、箩床等。

◄ 水磨

水磨

水磨，是将糯米研磨成米浆的工具。

▼ 箩床使用场景

▲ 箩筛

▲ 箩床

箩筛与箩床

箩筛与箩床是配合使用的过滤、筛选糯米粉的工具。

▼ 布袋

布袋

　　布袋，是用于收集米浆，并将米浆中的水分挤拧干净的工具。

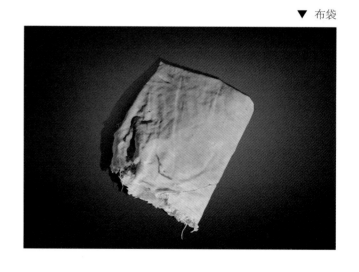

工序二：制馅

制馅，是通过翻炒、研磨、搅拌等方法调制元宵馅料的工序，通常使用的工具有炒锅、铲子、石臼、木槌、擀杖、菜刀等。

▼ 炒锅

炒锅与铲子

炒锅，是用于炒制花生、芝麻等元宵原料的工具。铲子，是用于翻炒花生、芝麻等元宵原料的工具，由铁制铲头和木制手柄组成。

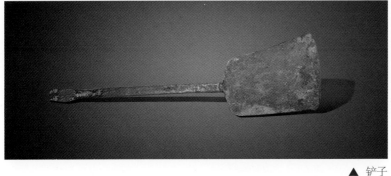

▲ 铲子

石臼与木槌

石臼，是用来碾压、破碎元宵馅料的工具。木槌，是用于敲打、砸实馅料的工具。

▼ 石臼

▼ 木槌

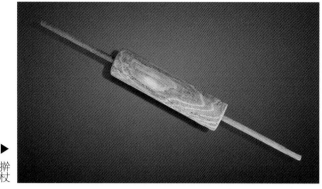

擀杖

菜刀

擀杖

擀杖，是用于擀制、压实馅料的工具，由细长木棒套在圆柱形的木棍中制成。

菜刀

菜刀，是用于切割压实后的馅料的工具。

工序三：滚圆

滚圆是将馅料方块放入糯米粉中滚动使其变大、变圆的工序。传统滚圆工具为筐箩，后来也使用元宵机进行滚圆。

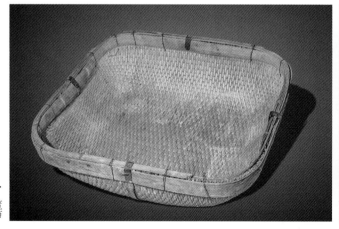

筐箩

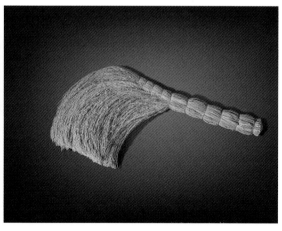

元宵炊帚

筐箩

筐箩，是用于盛放糯米粉，通过人工摇晃完成滚圆的工具。

元宵炊帚

元宵炊帚，是用于清扫米粉的工具，与一般的炊帚相比，其帚头较大且更为细密。

▶ 滚圆场景

元宵机

元宵机，也叫"翻滚机"，是代替笸箩完成滚圆的工具，呈圆筒装，白铁皮制作而成。

▶ 元宵机

◀ 元宵炊帚

笊篱

笊篱，是用于捞取元宵的工具，木把铁网。

▶ 元宵机滚圆场景

◀ 煮熟的元宵

第十二章　粽子加工工具

工序一：净洗

净洗指的是将制作粽子的原料、辅料分别进行清洗、净化的过程。净洗使用的主要工具是泡米盆和捞米笊篱。

▼ 粽子原料

▶ 泡米盆

◀ 泡料盆

泡米盆

泡米盆，是用于浸泡、淘洗糯米、粽叶、红枣等材料的工具，旧时多为木制。

捞米笊篱

捞米笊篱，是用于捞取糯米、红枣等粽子原材料的工具，相较于其他笊篱，其网眼较为细密。

◀ 捞米笊篱

工序二：包裹

包裹，俗称"包粽子"，是将泡好的糯米和馅料装入折成漏斗状的粽叶中，压实后捆扎严密的过程。

▼ 填料　　　　　　　　　　　　　　　　　　　▼ 粽叶清洗

▲ 包裹　　　　　　　　　　　　　　　　　　　▲ 草绳

粽叶与草绳

粽叶，是用于包裹粽子馅料的材料，南方多用箬叶，北方多用芦苇叶。草绳，是用于捆扎包裹粽子的工具，多用棕榈树叶子制成，部分地区也用禾草制作而成。

工序三：蒸煮

蒸煮是把包好的粽子原料上锅蒸熟的过程，一般会用到蒸锅、竹箅子和压锅石等工具。

▼ 蒸煮锅

▶ 煮粽子

▶ 箅子

▲ 压锅石

▲ 粽子

蒸锅、箅子与压锅石

　　蒸锅，鲁中地区俗称"轻铁锅子"，是用于蒸煮粽子的工具，一般配合箅子和压锅石使用。箅子，是用于隔水蒸、馏粽子等的工具。压锅石，是压在箅子上用于防止粽子翻滚的工具。

第四篇

煎饼加工工具

煎饼加工工具

　　煎饼是山东地区久负盛名的一种主食，大葱蘸酱卷煎饼也是沂蒙地区极具特色的饮食传统。煎饼起源于山东，但不仅限于山东，如苏北、东北、河北等地都有食用煎饼的习俗。煎饼究竟起源于何时？由何人创制？目前已无从考证。但有一种说法是诸葛亮为助刘备伐曹，特意发明的一种军粮。诸葛亮是琅琊阳都人（今山东省临沂市沂南县），煎饼贮存时间久，制作简单，作为军粮携带方便。晋、唐古籍中也都有煎饼的记载，历朝历代，关于煎饼的传说和故事也是不胜枚举。这说明煎饼是一种历史悠久的传统食品。

　　煎饼能够得到广泛流传，一个重要的原因是"取材"广泛，小麦、玉米、高粱、小米、地瓜干皆可入料，聪明的人们还可以根据口味喜好，调制出各种煎饼，如摊烙时打入鸡蛋，加入葱花、油条、芝麻就是天津的煎饼果子；将煎饼烙酥，加入各种蔬菜，就是滕州的菜煎饼；将成熟的柿子去皮后，均匀地摊烙在即将成熟的煎饼上，就是口味香甜的临朐柿子煎饼；在煎饼面糊中加入荞麦、花生、豆子或其他五谷，就是杂粮煎饼，能饱腹充饥，还能均衡营养，兼具养生功效。又因可以"席卷一切"，配以蘸料，那更是千变万化，口味各异。

第十三章　煎饼加工工具

煎饼的加工制作并不复杂，主要分为"制糊、摊烙、贮存"三道工序，每一道工序都有专门的制作加工工具。

工序一：制糊

制糊是将煎饼原料碾碎、浸泡、研磨成糊糊的过程，该过程主要用到碾、小笸箩、水磨、煎饼糊盆子等工具。

▼ 推碾场景

▲ 碾

碾

碾，也叫"碾子""石碾"，是用于轧碎粮食的一种工具，由碾砣、碾盘、碾框架、碾管芯、碾杆等组成。

▼ 水磨

水磨

水磨，是一种将浸泡好的谷物糁子研磨成糊的工具。

▲ 小笤帚

▲ 煎饼糊盆子

小笤帚

小笤帚，是用于扫粮食、扫炕的一种工具。推碾时，边推边用小笤帚将粮食向里聚拢，使粮食达到充分碾压的效果。

煎饼糊盆子

煎饼糊盆子，是用于盛装玉米糊的工具，一般选用底小口大、密封性好的瓷盆。

工序二：摊烙

摊烙，也叫"摊煎饼"，是将玉米糊平摊在鏊子上加热，使其成为可以食用的煎饼的过程。摊烙的工具主要有鏊子、油褡拉子、转箅、刮箅、刮板、瓢等。

摊煎饼看似简单，实则内有门道。过去，沂蒙地区的广大乡村几乎家家有鏊子，户户摊煎饼。摊煎饼是家庭妇女的必备手艺，尤其是刚过门的新媳妇，摊煎饼更是婆家对其进行"考核"的重要项目之一。会摊的手脚麻利，一气呵成，摊出的煎饼大小相同，薄厚均匀，口味俱佳，婆婆就会出门宣扬自家媳妇是个勤快人；不会摊的手忙脚乱，或焦糊散裂，或夹生不熟，或散口难吃，如遇刁钻婆家，还需赶紧回娘家"重新培训上岗"。会与不会之间，究竟门道在哪里？还要从这几件摊煎饼的工具说起。

▼ 鏊子　　　　　　　　　　　　　▼ 摊煎饼场景

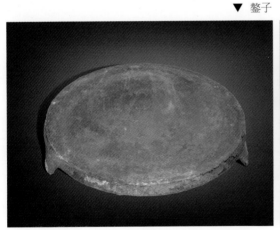

鏊子

鏊子，是用于摊煎饼的专用工具，通常为生铁铸造而成。鏊面平滑，中间略微凸起，鏊沿向下，沿下铸有三条短腿，通常用砖头或泥土灶架起。家用鏊子直径约70cm。

▲ 油擦布使用场景　　　▲ 油擦布

油擦布

油擦布，俗称"油褡拉子"，是用于给鏊子面抹油的一种工具。传统的油褡拉子是把层层厚布缝制在一块帆布上制成。

勺子

　　勺子，是用于从煎饼糊盆中舀取煎饼糊的工具，有木制的，也有铁制的。

▼ 抡箆

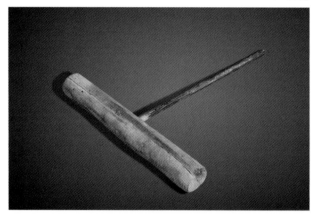

▼ 抡箆使用场景

抡箆与摊箆

　　抡箆，俗称"滚箆子"，是用于将煎饼糊子在鏊子上摊开的工具，由箆子和把柄组成。摊箆，是用于将煎饼糊在鏊子上摊匀的工具，操作时以鏊子中心为圆点，顺时针转动。

▲ 摊箆

◀
刮
箆

刮箆

　　刮箆，是用于将煎饼刮薄、刮平以及将多余的玉米糊疙瘩刮掉的工具。

工序三：贮存

贮存，是将摊好的煎饼从鏊子上揭下、折叠成长方形，用包袱包裹好放置于专门容器中的过程，一般会用到笓篮、炊帚、蒲囤、包袱等工具。

成熟的煎饼

叠煎饼

煎饼笓篮

炊帚

煎饼笓篮与炊帚

煎饼笓篮，是用于盛放刚摊好的煎饼的工具，多由柳条编织而成，带有底托可以透气。炊帚，是用于给煎饼洒水保湿、便于折叠的工具。

▲蒲囤

蒲囤

　　蒲囤，俗称"蒲团子"，是用于盛放煎饼的工具，多用麦秸和藤皮编织而成。

▲煎饼包袱

煎饼包袱

　　煎饼包袱，是用于包裹成品煎饼、防尘、保湿的工具，由棉布制成

附：炼鏊子

　　摊煎饼的工艺大同小异，但有的煎饼韧性大、嚼劲足、入口有香气，鲁中人称"热鏊子煎饼"；有的煎饼则口感差，入口咀嚼没有香味，总觉得差了点意思，俗称"散口"，这种煎饼也被称为"冷鏊子煎饼"。摊煎饼的过程中还要时刻关注火候的变化，火大了，煎饼容易焦糊；火小了，煎饼因受热不均，所以各部分成熟程度不一样，有的地方甚至还有些夹生，粮食原本的香气出不来，这就是冷鏊子煎饼。

　　常吃煎饼的人是很容易分别出其中差别的。为什么同样的面糊，同样的工具，制作出的煎饼却两种口感？有经验的农妇为我们做了解答，这是因为没有"炼鏊子"。鏊子作为一种圆形生铁铸成的炊具，很容易受热不均，尤其是新买的鏊子，摊煎饼前要首先用油褡拉子蘸油反复均匀涂抹，以慢火炼制，使鏊子吃油熟化，这一步俗称"炼鏊子"。

第五篇

豆制品加工工具

豆制品加工工具
（以豆腐、豆腐皮、豆腐干为例）

　　豆腐、豆腐皮、豆腐干是豆制品中最常见、最受人们喜爱的食材。豆腐历史悠久、传承广泛。相传豆腐的发明者是西汉淮南王刘安，刘安侍母至孝，母亲喜食黄豆，但年老得病难以入口，刘安将黄豆磨成粉状，以水冲之为豆乳，为去除豆腥、增加口感，又在豆乳中掺入卤盐，不巧却成为凝固态，刘母食用后口感绵软、味道极佳，病情得到好转，从此后豆腐也流传开来，民间也把淮南王刘安奉为豆腐制作的祖师爷。

　　传说虽是传说，但豆腐被端上中国人的饭桌至少也有几千年的历史了，数千年间，豆腐以其细腻的口感和易于取材，成为流传甚广的传统食品之一，豆腐又兼有"都福"的谐音，因此在很多地方，豆腐也成为重要节日的必备食馔。现代科技表明，豆腐富含丰富的优质蛋白，且更易于人体消化吸收，是"国民级营养品"。

　　除了造价低廉、寓意吉祥、营养丰富，豆腐能够广泛流传开来的一项重要原因是制作简单。明代苏秉衡有一首《豆腐诗》："传得淮南术最佳，皮肤褪尽见精华。一轮磨上流琼液，百沸汤中滚雪花。瓦缶浸来蟾有影，金刀剖破玉无瑕。个中滋味谁知得，多在僧家与道家。"这首诗形象说明了制作豆腐的几个重要步骤，无论是制作哪种形式的豆腐，大致离不开泡豆、磨豆、滤渣、煮浆、点卤、挤压成型等几步。其中豆腐皮与豆腐的制作工艺相似，都是将豆花挤压成型而制成，但豆腐干却是由豆腐制作而来。豆腐、豆腐皮与豆腐干的制作工具主要分为泡豆、研磨工具，滤渣、出浆工具，煮浆、点卤工具，压制、成型工具，卤制、晾晒工具以及售卖工具等。

▼ 成品豆腐

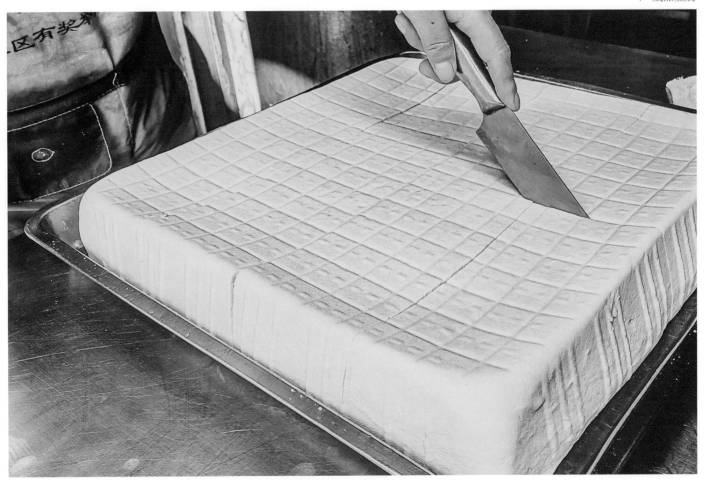

第十四章　泡豆、研磨工具

　　传统豆腐的原料以黄豆为主，黄豆以当季的新豆为佳，为保证豆腐的品质与口感，在研磨前首先要进行挑选，将干瘪、霉烂、虫蛀的豆粒挑出，然后将新豆置入盆中，加温水没过表面，将漂浮在表面的豆皮、杂质等挑出。泡豆子一般需要10～12个小时，根据季节不同，时间要有所调整，过去豆腐作坊一般是晚上泡豆，第二天就可以开始制作。豆腐作坊制作量大，泡豆子一般使用较大的陶盆或铁盆。研磨，过去主要依靠石磨，常用的是推拐磨，将黄豆浸泡充分，进行研磨就是制作豆腐的第一步。

◀ 黄豆

▶ 泡豆盆

泡豆盆

　　泡豆盆，是用于浸泡黄豆的工具，以陶土烧制，表面有黑釉。

▲ 推拐磨

推拐磨

　　推拐磨也叫"捣磨"，是将豆子研磨成豆浆的工具，一般依靠人力推拉。使用时，人站在原地不动，靠胳膊来回推拉固定在磨盘上的曲木棍完成研磨。

▲ 小磨

小磨

小磨，是用于磨制少量谷物粉浆的工具，过去家庭做豆腐常用小磨。

◀ 瓢

瓢

瓢，也叫"水瓢"，是研磨时用于加豆、加水的工具，多为半剖的匏瓜或葫芦制成，也有用木头制作的。

第十五章 滤渣、出浆工具

滤渣、出浆是将豆糊中的豆渣过滤，让豆浆滤出的工序，使用的主要工具是吊包和笭床。

▲ 使用吊包进行滤渣场景

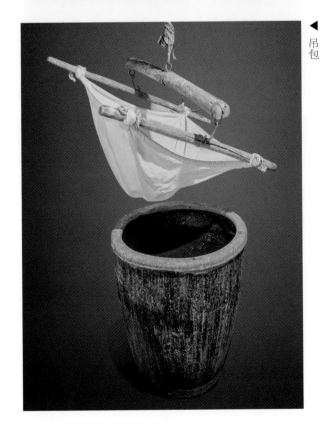

◀ 吊包

吊包

　　吊包，是用于将豆浆滤出的工具，由长绳、木棍和纱布组成。传统的滤渣方式是从高处吊下一根结实的长绳，拴系两根略粗的木棍，木棍的两端再固定豆腐布的四角，将磨制的豆糊盛入，左右摇晃，将豆浆滤出。

▲ 豆腐压包场景

　　压包，是用纱布将初榨的豆糊包裹，在箩床上用力挤压，将滤出的豆浆直接滤入锅或缸中的工序。

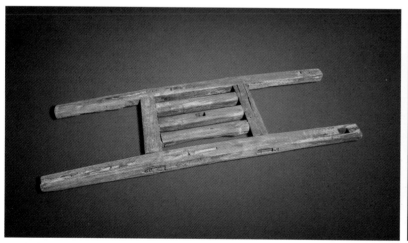

▲ 箩床

▲ 纱布

箩床与纱布

　　箩床，是用于"压包"过滤豆浆的工具，为略长的矩形，通常由枣木等较硬的木材制作而成。纱布，山东鲁中地区俗称"包袱"，是用于豆腐滤渣的辅助工具，网孔较细，过滤效果好。

第十六章　煮浆、点卤工具

　　将过滤后的豆浆置入锅中煮熟，这一步叫作"煮浆"，煮浆对火候和豆浆的浓稠度都有要求，这都要凭借匠人的经验。点卤是往煮好的豆浆中加入卤水，让其凝固的过程。豆腐加工制作时，点卤是至关重要的一环，因此有"卤水点豆腐，一物降一物"的说法。

▶豆浆点卤

▶土灶台

◀风箱

土灶台与风箱

　　土灶台，是用于烧火做饭的工具，由灶体、灶膛、烟道等组成，材料主要为黄土、砖沙等。灶台上支一口大锅，可以用来煮豆浆、点卤，形成豆花。风箱，俗称"风匣子"，是用于为炉膛输送空气的鼓风工具。

大锅

大锅，是放置于灶台上用于蒸煮食物的工具，一般为铸铁制作，直径 100～120cm。这种大锅用来煮豆浆，盛装量多，出产量大。

► 大锅

► 搅拌棒

搅拌棒

搅拌棒是煮浆过程中用于搅拌豆浆的木制工具。

豆花勺与盐卤

豆花勺，是用于舀取豆花的工具。盐卤，也称"卤盐"，是用于豆腐点卤的材料，加水融化后变成"卤水"。

▼ 豆花捣杵　　　　　　　　　　　　　　　　　　▼ 盐卤　　　　　　▼ 豆花勺

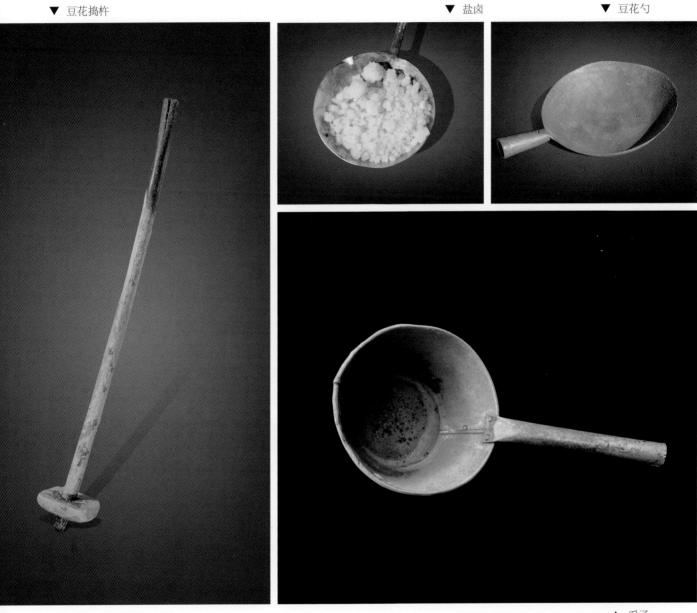

▲ 舀子

豆花捣杵与舀子

豆花捣杵，是用于捣拌豆花的木制工具。舀子，是用于取水的工具。在煮浆过程中，需要根据豆浆的稠稀程度适当用舀子添水。

▲ 点卤后凝固的豆花

"浆豆腐"与"膏豆腐"

　　加入卤水的过程要时刻关注豆浆的变化，如果出现清水和豆花的分离，说明加入卤水的剂量已经可以了；如果豆浆依然浑浊则预示着卤水加入的量不够，需要继续添加。待豆花产出就可以将其捞出进行下一步的压制成型。

　　过去用盐卤制成的豆腐，俗称"卤豆腐""卤水豆腐""浆豆腐"，这种豆腐质地软嫩、口感细腻，但是产量低，后来传入了一种用石膏点豆腐的方法，其方法与卤水点豆腐基本一致。这种豆腐产量高且较为紧实，但口感要差一些，俗称"膏豆腐"。

第十七章 压制、成型工具

压制、成型是指将豆花通过外部挤压，滤除多余水分，使其成为紧实的豆腐的过程。豆腐皮的压制工艺与豆腐无异，是将糊状的豆花层层覆盖，用盖笼布压制而成，我们看到豆腐皮上的花纹，实际上是压制时笼布留下的纹理。

▶ 压豆腐场景

◀ 豆腐压箱

豆腐压箱

豆腐压箱，是用于压豆腐、豆腐皮的工具，由压箱、压板、底架等组成。

笸筐

笸筐

笸筐，是用于家庭制作、盛放豆腐的工具，用柳条或篾条编织而成。

▼ 压框

▼ 盖板

压框与盖板

压框，俗称"豆腐盒子"，是用于压制豆腐的工具，矩形木框状，形似传统的打坯模子，由四根木条组成。盖板，是用于压制豆腐的工具，与压框配套使用，一般采用硬木大料制成。

▼ 盖垫

盖垫

盖垫，是铺在豆花表面，使其均匀受力，避免污染的工具，通常由芦苇杆、秸秆或竹篾编制而成，表面以布缝制。

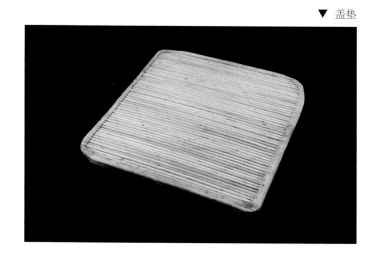

▶ 覆压重物

覆压重物

覆压重物，是放在压板上用于给豆花施加压力使其成型的工具，通常以石头代替。

▼ 压床

▶ 木楔子

▶ 压框

▶ 压箱

压床

压床，是借助杠杆原理制成的用于压制豆腐或豆腐皮的工具，由木楔子、压框、压箱和架子组成，其高度可以根据出产豆腐的数量进行调节。

第十八章　卤制、晒晾工具

　　卤制和晒晾主要是指将压制成型的豆腐皮、豆腐干经过再次裁切后放入带有卤料的锅中，待味道浸入，取出后晾干水分的过程。

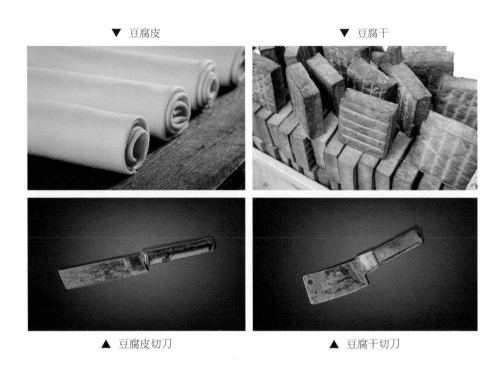

▼ 豆腐皮　　　　　　　　　　　　▼ 豆腐干

▲ 豆腐皮切刀　　　　　　　▲ 豆腐干切刀

豆腐皮与豆腐干切刀

　　豆腐皮和豆腐干切刀，是用于切割豆腐皮和豆腐干的工具，相对而言，豆腐皮切刀刀身更长。

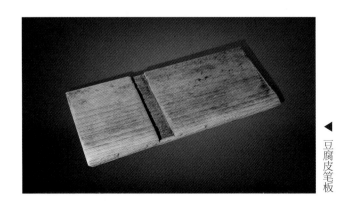

◀ 豆腐皮笔板

豆腐皮笔板

　　豆腐皮笔板，是用于确保豆腐皮笔直切割的工具，有时也以笔直的木杆代替，多为自制。

◀ 卤料包

卤料包

卤料包，是用于卤制豆腐干、豆腐皮的料包，由纱布和卤料制成，其包裹的卤料有八角、茴香、草果、花椒等。

豆腐皮水瓮

豆腐皮水瓮，是盛水后用于豆腐皮降温、保鲜、储存的工具，一般为陶制品。

▼ 豆腐皮水瓮

▼ 豆腐皮贮藏场景

▼ 豆腐干晾晒架

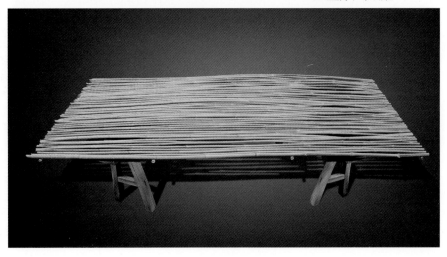

豆腐干晾晒架

豆腐干晾晒架，是用于晾晒、风干豆腐干的工具，一般用芦苇杆或竹竿制成。

第十九章 售卖工具

经过压制成型的豆腐，取出后分割成小块，即可用来售卖，豆腐售卖的工具独具特色，除了盛装豆腐的车具、盒子，称豆腐的秤，最具特色的是豆腐梆子。

▲
豆
腐
车

豆腐车

豆腐车，是用于盛载、运输、售卖豆腐的工具，由推车、豆腐盒、幌子组成。

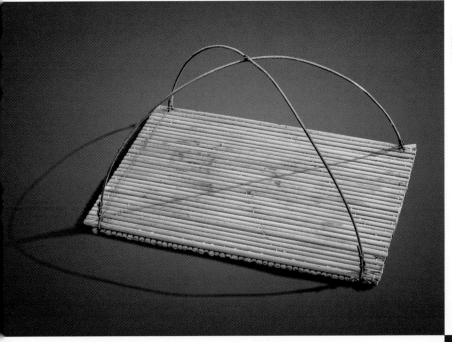

豆腐提篮

豆腐提篮

　　豆腐提篮，是用于盛放、展示、售卖豆腐的工具，由底板和提手组成，底板通常用苇子杆或麦秸杆制作，提手用两根冷拔丝制成。

豆腐梆子

　　豆腐梆子，是用来敲击发出声音、帮助售卖豆腐的工具，由梆子、木棍、短绳组成，梆子一般用枣木、槐木或竹子制成，内为中空，用木棍击打发出低沉响声，不需多吆喝，人们便知道是卖豆腐的来了。

豆腐梆子

豆腐帘子

　　豆腐帘子，是放置在豆腐盒子底部用于过滤水分、防止豆腐移动破损的工具，一般用芦苇杆或竹杆编织而成。

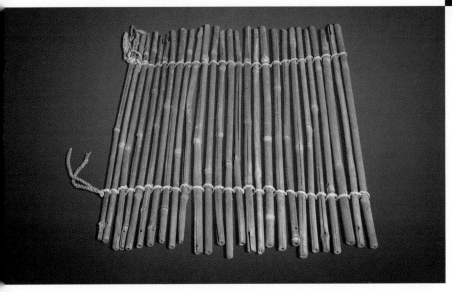

豆腐帘子

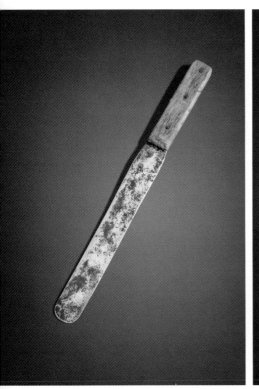

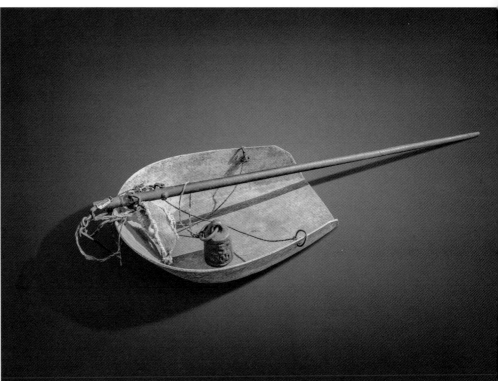

▲ 豆腐刀　　　　　　　　　　　　　　　　　　　　　▲ 杆秤

豆腐刀与杆秤

　　豆腐刀，是用于切分豆腐的工具，由铁制刀身和木制刀柄组成，刀身较长，头部呈半圆弧形，因豆腐较为软嫩，豆腐刀不需要开刃。杆秤，是卖豆腐时用于称重计量的工具，通常由秤杆、秤砣、秤盘和秤钩组成。

第六篇

淀粉制品加工工具

粉皮加工工具

　　粉皮是我国南北皆有的传统美食，南北朝时期的《齐民要术》中就有关于粉皮的记载。坊间流传，粉皮的发明与花木兰有关。木兰替父从军时，一日天降大雨，面粉被雨淋湿，花木兰担心同袍受到责罚，于是急中生智，想起家中妈妈常做的一种美食，便吩咐兵士，架锅烧开热水，然后拿来几个铜盆，把粉糊舀进铜盆，均匀地摊在盆底，再把盆放在开水锅的水面上旋转，很快一张薄饼就出现了，香味扑鼻，将士们争相抢食，从此这种被称为"木兰粉皮"的薄饼便流传开来。"木兰粉皮"虽是传说，但体现了古人的智慧，而其制作工艺也与传统手工粉皮大同小异。

　　过去鲁中地区，逢年过节，粉皮是必备食材，"粉皮芥末鸡""粉皮油条拌黄瓜""白菜粉皮炖肉"等都是粉皮制作的美味佳肴。传统手工粉皮，是以红薯、绿豆、大米、马铃薯等为原料，经制粉、打浆、烫浆、过水、晾晒后，制作成的一种半透明状的薄饼食物。晾晒风干后可以长期贮藏，用水浸泡后又变得软滑、爽口。本篇以山东红薯粉皮为例，介绍粉皮制作过程中使用的主要工具。

第二十章　粉皮加工工具

工序一：制粉

制粉是将红薯清洗、切块、沥干、研磨成薯浆，然后再经过兑浆、撇缸、坐缸、筛滤、晾晒、研磨等一系列操作，使其变成红薯淀粉的过程。

▼ 红薯

▲ 推拐磨

推拐磨　推拐磨，是用于磨制红薯浆的一种工具。

吊包

　　吊包，是用于过滤薯浆的工具，由纱布、杆架和绳索组成，一般配合薯缸使用。

▼ 吊包

▼ 滤布

▲ 陶盆

滤布与陶盆

　　滤布，是在粉皮制浆过程中用于包裹粉浆、用吊包过滤渣料的工具，多为棉线编织而成，带有细密网眼。陶盆，是用于揉搓滤布包，使薯料中所含淀粉随水滤出的工具。

浅子与笊筛

　　浅子，是用来晾晒淀粉糊，使其凝结成块的工具。笊筛，是用于过滤、冲洗粗淀粉的工具。

▼ 浅子　　　　　　　　　　　　　　　　　　　▼ 笊筛

▲ 淀粉晾晒　　　　　　　　　　　　　　　　　▲ 碾子磨

碾子磨

　　碾子磨，是将晾晒后的淀粉研磨成粉状的工具，由石碾子和碾槽组成。

工序二：打浆

打浆是将磨制好的淀粉加水搅拌成糊的过程。

▲ 淀粉浆

▲ 水桶

水桶　　水桶是在打浆过程中用于水和淀粉搅拌，使其成为粉浆的工具。

工序三：烫浆

烫浆是将粉浆上锅蒸烫成粉皮的过程。烫浆是制作粉皮的关键，需要粉浆适量，旋盘旋转均匀，要求操作人动作敏捷，这样烫熟的粉皮才能厚薄一致，完整成型。

▼ 烫浆

旋盘

长柄勺

旋盘与长柄勺

旋盘，俗称"旋"，是用于将定量舀入的粉浆凝结成粉皮的工具，呈浅圆盘形，多由白铁皮制。长柄勺，是用于舀取、搅拌粉浆的工具。

工序四：过水

过水是将成熟后的粉浆投入冷水中冷却后取出，沥干水分的过程，期间会用到水缸、起子和炊帚。

▼ 过水

▲ 水缸

水缸

水缸，是用于盛放冷水，使成熟的粉浆迅速降温冷却的工具。

▼ 起子　　　　　　　　　　　　　　　▼ 炊帚

起子与炊帚

起子，是用于挑、揭冷却后粉皮的工具，一般由竹片、木片制成。炊帚，是过水过程中用于清洗旋盘的工具。

工序五：晾晒

晾晒，是将过水后的粉皮在日光下摊晒，去除水分的过程。粉皮晾晒，天气非常重要，需在日照充足的晴天进行，并且要在一天之内完成。如遇多云、阴雨，需要及时将粉皮搬入屋内，通过烤架进行烘干。

粉皮晾晒

粉皮摊摆

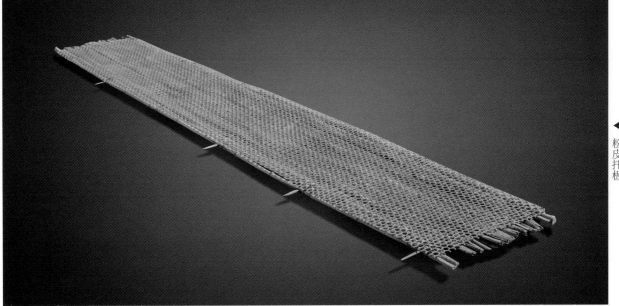

粉皮托板

粉皮托板

粉皮托板，是用于放置、晾晒粉皮的工具，南方多用竹制，也叫"竹帘"，北方多用高粱杆制作，也称"高粱箔"。后来人们在托板表面加一层铁丝网，既能够使粉皮摊摆均匀，增加透气和晾晒效果，又能稳固拖板，使其牢固耐用。

▲ 小铁车

小铁车

小铁车，是在晾晒过程中用于运送粉皮托板的工具。

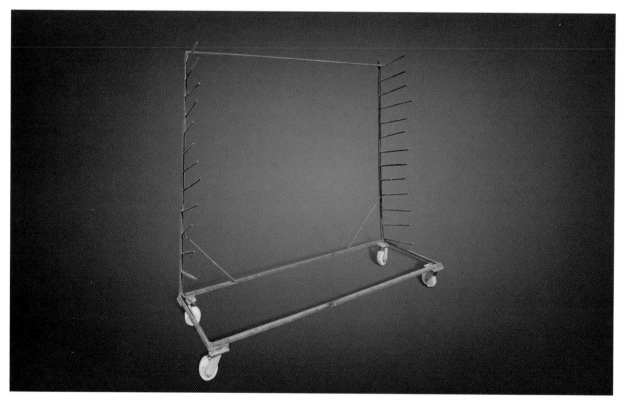

▲ 烘烤架

烘烤架

烘烤架，是用于阴雨天在屋内将过水后的粉皮烤制干爽的工具。

► 粉皮压制

◄ 粉皮过称

► 粉皮称重

　　晾晒完成的粉皮，经过剪边、修整、压平、称重后，就制作完成了。粉皮经过浸泡、轻煮之后会变得软滑爽口，可以用来制作各种美味佳肴。

▲ 粉皮制作的凉菜

粉丝、粉条加工工具

　　粉丝和粉条是两种用淀粉制作的传统食材，虽然两者相似，人们却从不混称，且一眼就能将其辨认。原料上，传统的粉丝、粉条皆是由红薯、木薯等薯类植物淀粉制作而成，后来粉丝多采用绿豆、蚕豆、豌豆等豆类植物中的淀粉制作。无论是薯类淀粉还是豆类淀粉，它们都算得上是粉皮的"近亲"，是"同宗同源"的食材。粉丝与粉条制作工艺极为相似，主要包括磨浆、制粉、兑浆、漏粉、晾晒等。因两者制作工具基本相同，本篇以著名的山东龙口粉丝为例，介绍相关制作工具。传统"龙口粉丝"的制作步骤大大小小有四十多道，概括而言，可以分为推豆、过大箩、过小箩、兜粉团、擦粉团、打糊、踩芡、漏粉、拉锅、晒粉、裁剪十一道工序。

◀ 粉丝晾晒

第二十一章　粉丝、粉条加工工具

工序一：推豆

推豆是将绿豆研磨成豆浆的过程，是制作粉丝的第一道工序。

▲ 推豆工具组合

水磨

水磨

水磨，是用于将绿豆研磨为豆浆的工具，有可以出浆的沟槽。

吊盆

吊盆

吊盆，是悬挂在水磨上方，用于给石磨加水的工具，内盛清水，盆底有孔。

接浆盆

接浆盆

接浆盆，是推豆环节中置放于水磨出浆口下方，用于接取豆浆的盆，多用陶土烧制。

工序二：过大箩

过大箩，是对豆浆中的杂质和豆糁进行过滤初筛的过程，使用的主要工具是压杵和骑马缸。

◀ 压杵

压杵

　　压杵，是"过大箩"中用于轻压骑马缸内豆浆的工具，经压杵压制，细豆浆滤出，渣滓留在缸底。

▼ 骑马缸

骑马缸

　　骑马缸，是用于豆浆初次过滤的工具，由大缸、箩床、木桶、纱布组成，与压杵配合使用。

工序三：过小箩

过小箩，是对豆浆进行再次过滤的过程，使用的主工具是箩筛和箩床等。

◀ 箩筛

箩筛

　　箩筛，是用于过滤、筛选物品的工具。过小箩通常选用网眼较为细密的箩筛。

▲ 箩床

箩床

　　箩床，是用于过滤豆浆的工具，一般配合箩筛使用，其外形近似小型梯子，可以横担在容器上。

沉淀缸

沉淀缸，是用于沉淀豆浆中淀粉的工具。过小萝后的豆浆在缸内静置24h，水分与淀粉便呈分离状态。

沉淀缸

水瓢

水瓢，是用于从缸中舀取豆浆的工具。

水瓢

工序四：兜粉团

　　兜粉团是对淀粉进行定型的过程，粉匠先从缸内取出湿淀粉，倒入铁罐、木桶中，再用细密的纱布包裹成团状，控干水分后，晾晒2～3天，使淀粉呈半干状态。

◀ 粉团包

◀ 粉团架

粉团包与粉团架

　　粉团包，是用于包裹淀粉的工具，由纱布制成。粉团架，是用于悬挂粉团包，进行晾晒的工具，一般为木制。

工序五：擦粉团

擦粉团是将半干状态的粉团擦制成粉末状的过程，主要用到的工具是擦刀与筻笅。

◀ 擦刀

◀ 筻笅

擦刀与筻笅

    擦刀，俗称"粉团刮子"，是用于擦刮粉团的工具，形状如擦床中的刀片，上部带有把手。筻笅，是用于盛放擦刮下来的淀粉的工具。

工序六：打糊

打糊是将淀粉兑水成浆，再将其打成糊状的过程，主要用到的工具是捣杵和沉淀缸。

▲ 捣杵

捣杵

捣杵，是打糊过程中用于搅拌、捣打的工具，由把头和手柄组成，均为木制，长约100cm。

工序七：踩芡

踩芡是将捣打成糊状的淀粉继续加入干淀粉捶打形成浓稠的芡粉的过程。踩芡通常由4～6人合力完成，几个人一边用力捶打，一边围绕沉淀缸挪动位置，踩芡过程充满节奏感，是粉丝制作过程中富有韵律的劳动场面。

工序八：漏粉

漏粉，又叫"上瓢"，是将浓稠的芡粉放入漏瓢中，使其从漏口中自然流下，进入热水锅中煮熟的过程，漏粉时需要持瓢人要适度摇晃漏瓢。

▲ 漏粉场景

▲ 漏瓢

漏瓢

漏瓢是用于粉丝漏粉的工具，由水瓢钻孔制成，孔径大小决定了粉丝的粗细。漏瓢通常悬挂于锅灶中心的正上方。

工序九：拉锅

拉锅是将熟化、定型的粉丝用细木棍迅速挑出，先拉入热水盆，再从热水盆中拉入凉水盆中的过程。

▶ 粉丝锅灶

粉丝锅台

粉丝锅台，是用于粉丝拉锅的工具，用泥土砌成，锅台一侧垒砌有两个台阶，分别用来放置热水盆和凉水盆。

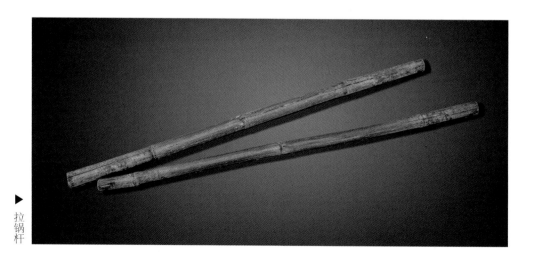

▶ 拉锅杆

拉锅杆

拉锅杆，是用于挑拉、晾晒粉丝的工具，通常由细长的竹、木制作而成。

工序十：晒粉

晒粉，是将湿粉丝悬挂于户外进行晾晒的过程。晒粉之前，粉丝通常还要在室内悬挂一定时间，用以控干水分，充分凉透，这一步叫"凉粉"。晒粉时还要对粉丝进行分缕翻面整理，通常为每1小时整理一次，这一步叫"理粉"。

理粉

晾晒

工序十一：裁剪、装运

裁剪、装运是在粉丝晾晒后将粉丝裁剪成长短一致，进行整理打包的过程。

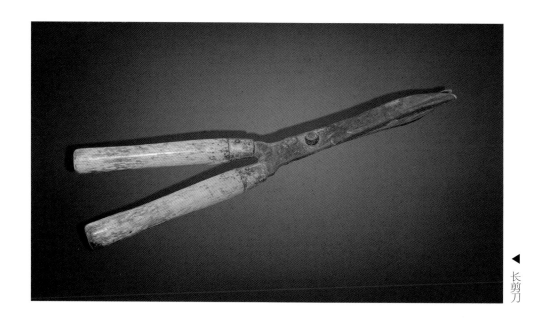

长剪刀

长剪刀，是用于剪断粉丝、粉条的工具。

第七篇

柿饼加工工具

柿饼加工工具

　　柿子为落叶乔木果实，有诸多品种，根据其在树上成熟前是否自然脱涩，分为涩柿和甜柿两类，而北方地区食用的大多为山东地区栽植的大萼子柿、小萼子柿以及牛心柿。位于沂蒙山区的山东省临朐县，自古便是柿子的盛产之地，其中又以五井镇隐士村、天井村、石峪村一带尤为闻名，坊间有歌谣称："腰庄核桃隐士梨，南北铜峪甜杏米，天井石峪霜柿饼，上下坪的石榴皮。"

　　柿子为秋后采摘，聪明的先人们刮皮后留下果蒂根皮，用手掌压扁，制成厚1.5cm左右的饼状，待阴凉风干，涩汁霜露，就成为柿饼。柿饼在过去是进献官绅的珍品，也是鲁中地区春节辞灶祭神的贡品。现在，柿饼是一种果脯零食，也是上好的保健食品，它入口软糯绵密，清香甜美，食之让人口舌生津，有润肺止咳、清热解毒的功效。

　　柿饼的制作并不复杂，主要分为采摘、运输、选果、去皮、晾晒、上霜等步骤，本篇主要介绍柿饼制作过程中常用的工具。

▲ 晒柿场景

第二十二章　采摘、运输工具

　　采摘、运输是将成熟的柿子从树上摘下运输到家中的过程。采摘看似简单，实则是技术活，柿子树一般种植于山岭之中，高者十几米，加之柿子容易破损，因此，摘柿人需要胆大心细，同时也要借助梯杌子、梯子、腰系笉子、抽子、夹子、提筐等工具来完成。柿子运输工具主要有小推车、扁担花筐等。

▲ 采柿场景

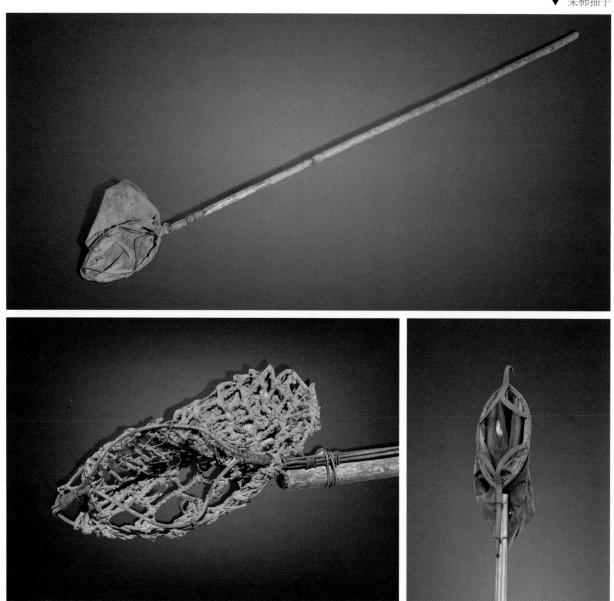

▲ 采柿抽子局部（一）　　　　　　　▲ 采柿抽子局部（二）

采柿抽子

　　采柿抽子，是用于采摘柿子的工具，由木制或竹制的柄和网兜组成，有的还带有钩头，方便钩住枝条进行采摘，适合采摘生长在陡坡、崖壁等难以触及的地方的柿子。

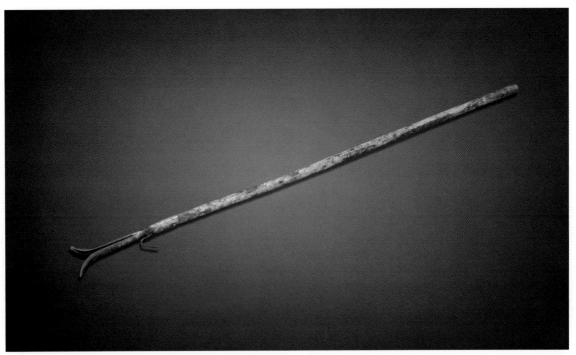

▲ 采柿夹子

采柿夹子

采柿夹子，是用于采摘柿子的工具，由轻质铁杆、叉形杆头和挂钩组成。杆头用于拧断成串的柿子枝条。挂钩用于将夹子挂在树上，便于采摘人腾出手来攀爬或提拉绳索、筐篮等。

▼ 梯杌子

梯杌子

梯杌子，是用于采摘树冠底部柿子的登高工具，形如高腿木凳，使用高度通常为300～400cm。

梯子

带绳提筐

　　带绳提筐，是用于上树采摘柿子的工具，由筐体和绳子组成，筐体多由柳条或荆条编织而成，呈倒梯形，能够防止提筐运送时不被树枝阻挡。

带绳提筐

梯子

　　梯子，是用于登高的工具，因柿子树通常较为高大，采摘柿子的梯子通常为木制，且根据柿树的高矮，进行组合拼接。

摘柿场景

担杖与花筐

担杖，是用于挑筐的工具，一般由槐木制成。花筐，是用于盛装物品的工具，一般由柳条编织而成。担杖与花筐配合使用，便于在崎岖山路中挑运柿子。

担杖

花筐（二）

花筐（一）

小推车

小推车

小推车，是用于运输的工具，配合筐或粪篓等工具运输柿子，运载量大，也较为省力。

第二十三章　选果、去皮工具

选果，是将运回家中的柿果进行挑选，剔除有外伤和被虫蛀的柿子的过程。去皮是将挑选的柿子剥去外皮的过程。去皮用到的主要工具是刮刀、削皮刀、刮皮器等。

柿子刮皮

刮刀

手摇刮皮器

刮刀与手摇刮皮器

刮刀，是用于柿子去皮工具，由竹子和铁片组合制成，呈弧形，手掌大小。手摇刮皮器，是用于柿子刮皮的半机械工具，与刮刀配合使用，操作时把需要去皮的柿子插在去皮器前端，一只手转动手柄，另一只手握住刮刀贴在柿子上，就能轻松为柿子去皮。

第二十四章　晾晒工具

晾晒是将去皮的柿子晾干晒好的过程，分为自然晾晒和人工干燥两种方式。自然晾晒是指将去皮后的柿果萼蒂绑在绳子上，然后放在光照充足、空气流通、清洁卫生的地方曝晒，晚上还要盖起来防露水。晾晒10天左右果肉皱缩，果顶下陷，进行翻动，以后每隔3~4天翻动1次，每次翻动同时进行松囊，所谓松囊就是用手按捏柿子，使柿子里面的果肉彻底软化，直到外硬内软，回软后没有发汗现象，就可以进行上霜了。

人工干燥是指将去皮后的柿果，放入烘烤炉中进行文火烘烤，每隔两个小时进行15min的通风排湿，两天后，柿饼稍白，即可进行松囊。松囊后继续进行烘烤，同时注意通风，当果面出现皱纹时进行第二次松囊，这时柿果脱涩，可将温度提至50~55℃，干燥有些皱缩时，进行第三次松囊，然后继续烘烤，烘烤时不要忘记通风，待到内外软硬一致即可上霜。

▲ 荫干房

153

▼ 晒柿场景

▲ 绑柿绳

▲ 风扇

绑柿绳与风扇

　　绑柿绳，是自然晾晒时用于拴系柿子的工具，一般由线绳制成，一条绳能绑二三十枚柿子。风扇，是用于给晾晒房内的柿饼通风排湿的工具。

▲ 烘烤炉

烘烤炉

烘烤炉，是用于给烘烤削皮后的柿果去除水分的工具。

第二十五章 上霜工具

上霜是给去皮、晾晒的柿果封缸、生霜的过程。柿饼上霜与环境温度有关，温度越低，上霜越好。上霜结束后，就可以进行包装出售了。

▼ 柿饼

▲ 上霜缸　　　　　　　　　　　　　　　▲ 笓篮

上霜缸与笓篮

上霜缸，是用于将晾晒后的柿饼上霜的工具。笓篮，是用于盛放、晾晒柿饼，为柿饼上霜的工具。

第八篇

榨油工具

榨油工具（以花生油为例）

　　食用油是我们日常烹饪、饮食中不可或缺的一种物质，煎、炒、烹、炸，样样离不开油的添加，经油烹制后的食材色泽鲜亮，香味扑鼻，并能补充多种人体所需的营养物质。今天我们常用的食用油有花生油、菜籽油、玉米油、豆油、色拉油、调和油、橄榄油等。从植物中提取油，始于宋元时期，宋元以前，人们以食用动物油脂为主。宋元时期发明了人工压榨技术，开始从含油量较大的植物中提取食用油。

　　传统的榨油工艺凝聚着几千年来劳动人民的辛勤与智慧，由人力拽放木杆或油锤使其大力撞击，以此榨出油料中的油脂。这种古老的榨油方法最早记载于元代《东鲁王氏农书》（又称《王祯农书》）中。传统榨油不依赖于任何现代机械设备，榨出的油，质地纯、口感好、色泽鲜，不含任何调味剂且营养富，具有实用价值的同时也有着独特的历史价值和文化价值。传统榨油坊主要由灶台、碾盘、槽木和油锤组成，榨油工艺大致可以分为选料、烘炒、碾压、蒸制、包饼、压榨、贮藏等七道工序，本篇主要以花生油制作为例，介绍其使用的工具。

◀ 榨油作坊

第二十六章 选料、烘炒工具

选料是对原料进行筛选，去除不合格花生仁及其他杂物的工序。筛选后的花生仁杂质越少，榨出的油纯度越高，口感也越好。烘炒是将筛选后的花生放入锅炉进行烘烤炒制的过程，其目的是去除掉花生中多余的水分，使其充分受热变熟。

▼ 花生米

▲ 花生米囤

花生米囤

花生米囤，是用于囤放花生米的工具，通常由囤底和苇褶组成。

▲ 筛

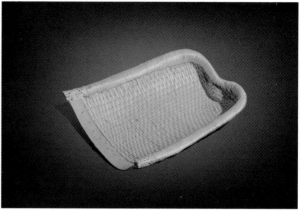
▲ 簸箕

筛与簸箕

筛，是用于筛除原料中土屑等杂质的工具。簸箕，是在榨油选料中通过颠簸去除原料杂质的工具。

▲ 锅灶

锅灶

锅灶，是在榨油中用于烘烤和蒸料的工具。

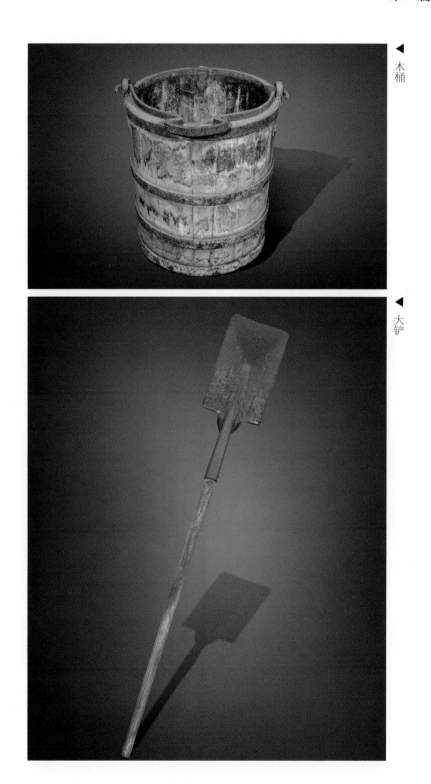

木桶

大铲

木桶与大铲

　　木桶，是用于盛装炒熟后花生的工具。大铲，是用于
翻炒、搅动花生原料的工具。

第二十七章　碾压、蒸料工具

　　碾压是将烘烤结束后的花生投入碾槽进行碾压破碎的工序，使用的工具主要是石碾、石磨或圆碾盘等。碾的时候利用帚，将跳出的花生扫回碾盘内。

　　蒸料是将碾压完成的原料放入木甑中，上锅蒸熟的过程，蒸制的过程中，花生的油脂聚集，可以大大提高出油率。

◀ 碾压场景

◀ 石碾

石碾

　　石碾，是用于碾压粮食谷物的工具，由碾盘、碾墩子和碾杆组成，一般为花岗岩制；使用时，将花生置放于碾盘上，用力推动碾杆，让碾墩子充分碾压花生，将其碾压成颗粒状。

油碾子

　　油碾子，是大型油坊碾压榨油原料的工具，其碾盘沟槽直接置于地面，由畜力拉动，相较于普通的石碾和石磨，其一次性可碾压的原料较多。

◀ 石磨

石磨

　　石磨，是将经过碾压的花生颗粒研磨成粉的工具。

163

◀ 帚

帚

　　帚，是在碾压过程中用于清扫花生的工具。

▼ 木槌使用场景

◀ 木槌

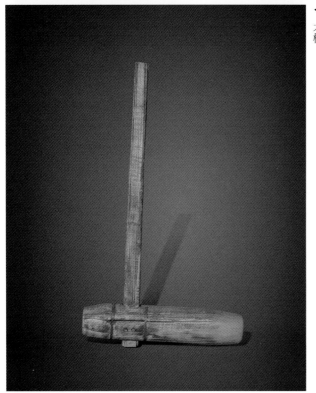

木槌

　　木槌，是用于捣击原榨油料的工具，一般与石臼配合使用。

▲ 蒸锅

蒸锅

　　蒸锅，是用于蒸煮花生碎末的工具，蒸的时候要控制好火候，当蒸笼冒水汽时，即表示蒸熟。

◀ 木甑

木甑

　　木甑，是蒸煮时用于盛放花生碎末的工具。

第二十八章　包饼、压榨工具

　　包饼，是将蒸熟后的花生粉末装填入用稻草铺底的圆形的铁圈中，然后用双脚踩实，再将包裹压实后的坯饼放入榨油机的内部开始压榨的过程。包饼时要注意饼的中心略高于四周。

　　压榨，是通过挤压花生坯，将其中的油脂榨取出来的过程。

▲　木制榨油机

木制榨油机

　　木制榨油机，是用于榨油的工具，由油槽、木进、撞杆组成，由较粗的树干制作而成。油槽用于填装坯饼，长约100cm、宽约20cm。木进是插入榨油机楔子的部分，呈梯形。木楔插入榨油机的一头较细，露在外面的一头较粗，榨油时撞击粗的一头，使木楔一点点深入榨油机内，充分挤压坯饼，使其出油。油锤是用来撞击木进的长木柱，俗称"油锤"，也可用巨石代替。

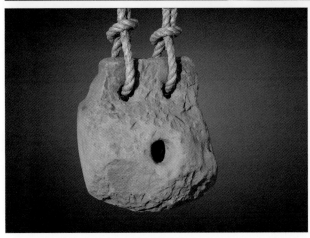

▲ 油锤

▲ 饼圈

油锤与饼圈

　　油锤，是用于撞击木楔，使坯饼内的油被挤出的工具。饼圈，是用于包裹原料进行压榨的工具，通常是将麦秆稻草呈放射状编拢后用铁圈固定做底而成。

麻糁

　　麻糁，是指失去油分的渣饼，可以用作牲畜饲料或农作物种植肥料。花生榨油剩下的渣饼，俗称"果子麻糁"，贫苦年代常作为人们一种零食。

麻糁

第二十九章　贮藏、售卖工具

　　每年的6月底至8月，当地里头的花生成熟后，一年一度的榨油季也就开始了。百姓家收获的花生都会送到定点的油坊去榨油，吃不下的油也可以寄存在油坊，等到家中没油了，便去油坊取回寄存的油。当然，油坊也会推着小车到集市上去卖油，顺便将花生、菜籽等材料买回来加工榨油。

　　榨好的油会放入油缸中进行存放，售卖时，利用舀子舀出，通过漏斗流入油篓子中。存放时一定要避免阳光直射，因为阳光或者灯光的照射会加速油液的酸化，产生对人体有害的醛酸类物质。同时，要保持密封状态，避免空气、水分和其他物质渗入，避免油氧化发臭。

▲ 卖油车展示

▶
油
缸

油缸

　　油缸，是用于储存大量成品油的工具，缸上通常要覆盖木板或其他材质的缸盖。

◀
油
坛

▶
油
壶

油壶与油坛

　　油壶与油坛，都是用于盛装成品油的工具，通常置放于灶台之上，便于烹饪取用。

油篓

油篓，是用于盛油的工具，由荆条或柳条编织而成，里面用浸过猪血和桐油的布或桑皮纸裱糊防止渗漏。

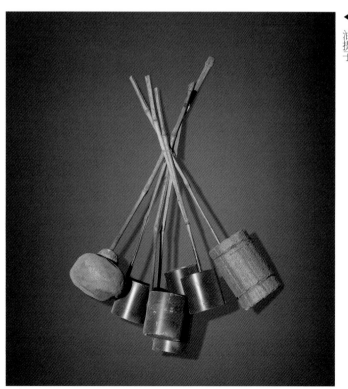

油提子

油提子，是用于取油的一种工具，由提筒和手柄两部分组成，手柄由细竹条制成，提筒由竹筒制成。

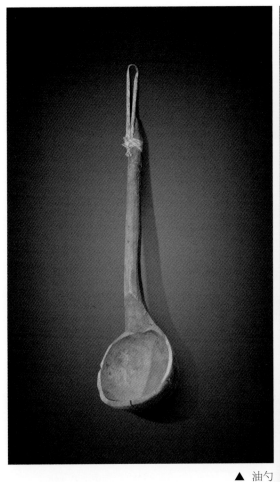

▲ 油勺

钩秤

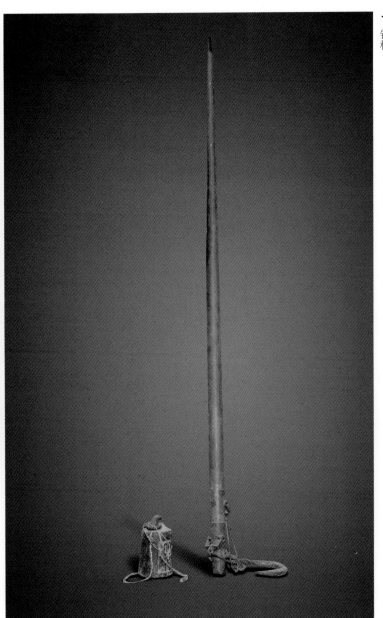

油勺

油勺，是用于提取、搅动和
观察成品油的工具。

油漏斗

钩秤

钩秤，是用于计量售卖成品油的工
具，由秤砣、秤杆和秤钩组成。

油漏斗

油漏斗，是用于取油的工具，取油时安放在油篓子或其他口径
较小的容器口上，可以避免油汁洒落。

▲ 卖油车

卖油车

　　卖油车，是油坊外出售卖成品油时的装载运输工具，通常为木制，上面置放油篓、油提子、麻袋等。

第九篇

香油、麻汁加工工具

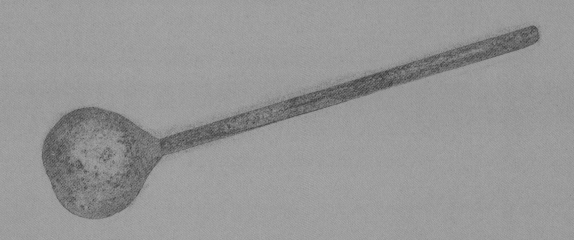

香油、麻汁加工工具

　　芝麻在我国的种植年代较为久远，传说是西汉时张骞出使西域带回来的，所以古时称之为"胡麻"。后经考古证明，我国早在春秋时期就已经有了芝麻的种植。香油古称"麻油"，在陈寿所著的《三国志·魏志》中，就记载了一段孙权带兵，以松脂为炬，灌以麻油，火烧敌军的历史，这里所说的麻油就是用芝麻榨出的油，这说明在三国时期，芝麻已经有了广泛的种植。但香油作为一种食用调味油，被端上中国人的餐桌，是在南北朝时期。唐宋时期，香油被认为是最上等的植物食用油而得到更广泛食用。到了明代，李时珍所著的《本草纲目》中就记载多个以香油入药的良方，民间也有许多用香油治疗小病的偏方。从军事用油到饮食用油，再到医药用油，小小的芝麻是如何华丽变身，成为用途广泛的香油的呢？

　　早期香油的制作主要是用石臼法和木榨生芝麻法，出油率低，香味也不够。四百多年前发明的"水代法"加工出的香油，油多味香，一直沿用至今。

　　传统小磨香油的生产流程通常分为选料、清洗、炒籽、磨浆、兑水、搅拌、沉淀、取油、罐装等。一般生产香油的作坊也兼做麻汁，麻汁也称"麻酱"，也是以芝麻为原料制作的一种食用酱料，当然，也有用花生和其他谷物制作的"花生酱"，人们也称之为"麻汁"。麻汁的生产与香油有两点不同：一是炒制时的成熟度不一样，制作香油的芝麻一般要炒至八成或十成熟，而制作麻汁的芝麻只需炒至五六成即可；二是炒熟的芝麻经过研磨后还要兑水出油，而麻汁研磨完成后即为成品。香油、麻汁，虽工艺略有不同，但两者兼做并不矛盾，对于作坊来说还增加了一样产品，所以自古以来，香油与麻汁总是结伴出现。本篇将着重介绍香油、麻汁的制作工具。

▼ 香油

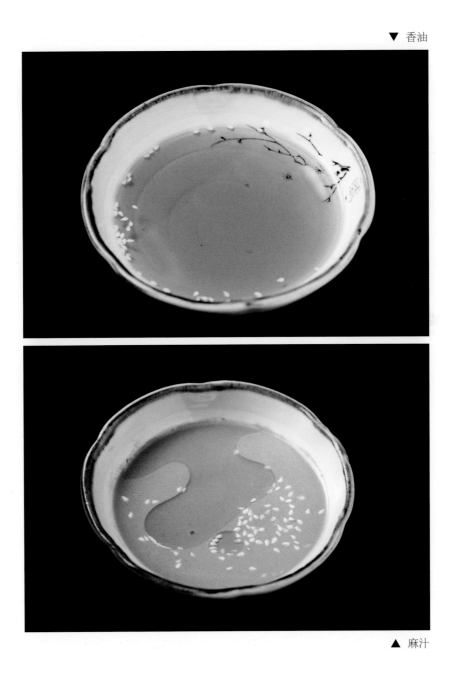

▲ 麻汁

第三十章　备料、烘炒工具

　　备料是将颗粒饱满的芝麻洗净以备烘炒的工序，具体又分为选料、取料、取水、淘洗等步骤。烘炒是用炒锅炒制芝麻的过程。

▲ 风选扇车

风选扇车

　　风选扇车，是利用风力去除芝麻中杂质，对芝麻进行初选的工具。

推车

推车

推车，是用于异地采购
芝麻原材料的运输工具。

辘轳

辘轳

辘轳，是用于从井中取水的
工具，香油用水以井水为佳，因
此需要用到辘轳这类的取水工具。

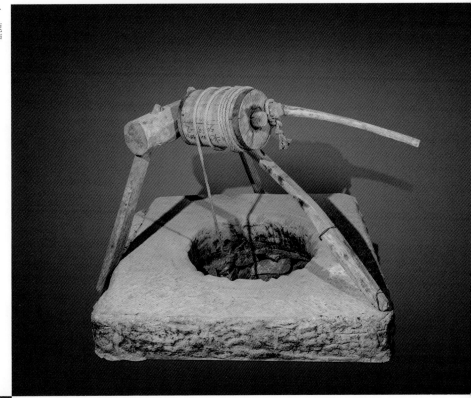

斗

斗，是用于计量的工具，做香油的芝麻斗一斗
约12kg。

斗

▲ 大水缸

大水缸

大水缸，俗称"水瓮""砂瓮"，是用于盛水的工具，体型较大，通常为陶制。

▲ 水瓢

▲ 水桶

水瓢与水桶

水瓢，是淘洗、兑浆时用于舀水的工具。
水桶多为木桶，用于提水、运水。

▲ 红泥盆

红泥盆

红泥盆，是用于浸泡、淘洗、沥水、晾干芝麻的工具。底部带流水孔的红泥盆主要用于沥水晾干，底部无流水孔的红泥盆主要用于浸泡淘洗。

▼ 笊篱

笊篱

笊篱，是淘洗芝麻过程中用于捞取芝麻、瘪粒及漂浮杂质的工具，多为条编制品。

179

浅底炒锅

浅底炒锅，是用于炒制芝麻的工具，多为铁制。

浅底炒锅

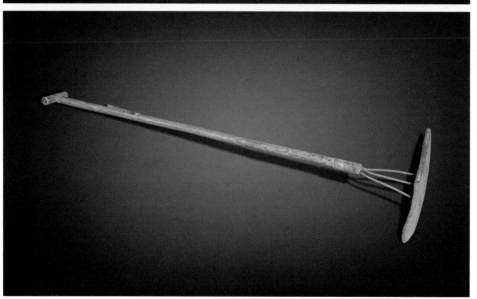

芝麻耙子

芝麻耙子

芝麻耙子，是用于手工翻炒芝麻的工具，由耙头和手柄组成，多为木制，耙头和手柄用三根镂空的铁条连接，手柄长为150～170cm，尾部通常有短横木，便于持握用力。

第三十一章 风凉、过筛工具

风凉是将炒熟的芝麻立刻进行降温除烟回凉处理的过程，主要使用的工具是簸箕和蒲扇。过筛是将风凉后的芝麻筛选去除杂质的过程，主要使用的工具是筛子。

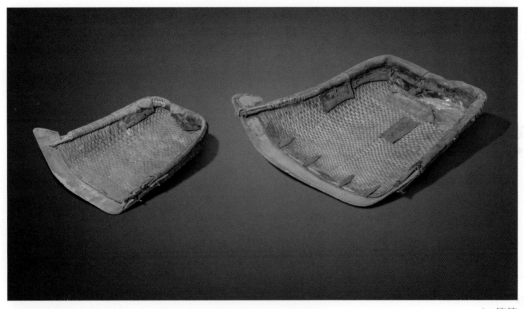

▲ 簸箕

簸箕

簸箕，是用于搬运、周转熟芝麻的工具。

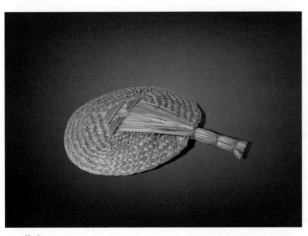

蒲扇

蒲扇，是用于扇除炒熟后的芝麻灰的工具，北方多为蒲草编制而成，南方多以蒲葵树叶片制成。

▲ 蒲扇

▲ 箕箩

箕箩

　　箕箩，是用于盛放芝麻使其散热降温的工具，多由柳条编织而成。

箩床与细筛

　　箩床与细筛是配套使用的芝麻过滤工具，将细筛置放在箩床上，左右晃动，以筛除比芝麻小的杂质。

▲　箩床与细筛

▼　粗筛

粗筛

　　粗筛，是用于滤出比芝麻大的杂质，将芝麻留下的工具。

第三十二章　研磨、兑浆工具

　　研磨指的是用石磨把凉好的熟芝麻研磨成酱状油坯的过程。传统的石磨用畜力拉动，磨盘直径较大，俗称"旱磨"。还有一种人力推拉的小磨，用小磨研磨的香油就是人们常说的"小磨香油"。兑浆是在盛有油坯的大锅中加入适量的开水的过程。

▲ 石磨

石磨

　　石磨，是用于研磨芝麻的工具，磨盘直径多在100cm以上，需要牲畜拉动。

杵臼

杵臼，是用于槌捣、研磨芝麻的工具，由杵和臼组成，杵为木柄和石头组成，臼为石质。

▼ 杵臼

▼ 大锅

► 麻汁

大锅

大锅，是用于盛放加入水后的芝麻糊（俗称"油坯"）的工具，多为铁质，底部设置支架。

麻汁

五成熟的芝麻经过研磨后，获得黏稠状的芝麻酱，就是麻汁，而麻汁的生产到这里就结束了，接下来就可以装瓶售卖了。

第三十三章 墩油、出油工具

经石磨碾压磨出的油酱，按照比例兑100℃开水，先搅拌出油，再墩再分离，这种传统提取香油的方法叫"水代法"。"水代法"制作香油，需要经过搅油、墩油、撇油、晃油等工序，用木杠不断搅动，边搅边兑浆，直到开水加足，油被浸出。用墩油葫芦不断挤压油坯，使香油源源不断从油坯中浮出。墩油约半小时后，用起油葫芦撇出第一次浮出的香油，这次撇出的香油约占撇出总油量的三分之二。手持锅架把手晃动锅架，使油锅随之前后晃动。墩油和晃油可反复进行，墩三晃三，用时约4小时，直至香油完全漂出。搅油、墩油、撇油、晃油统称为"出油"。

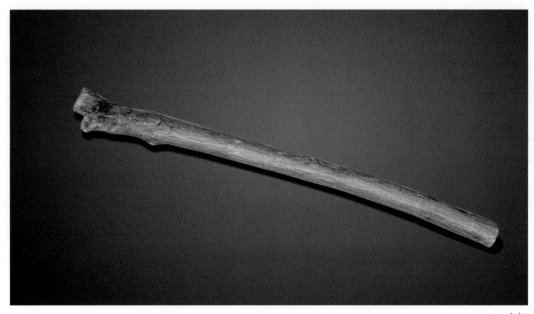

▲ 木杠

木杠

木杠，是用于搅油的工具，多为香椿木等木材制作而成。搅油的目的是让开水与油坯充分接触混合，使坯中的油更易浸出。

墩油葫芦

墩油葫芦，是用于挤压油坯、使香油浮出的工具，由葫芦头和把手组成，有木制，也有铁制。

▼ 墩油葫芦

▼ 墩油还原场景

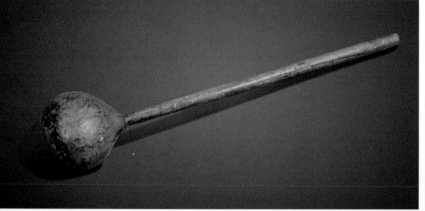

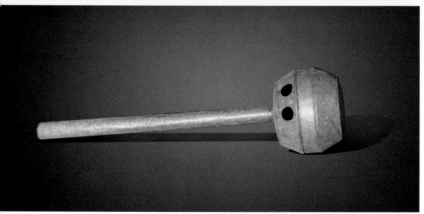

▲ 起油葫芦

起油葫芦

起油葫芦，是用于从锅中撇出香油的工具，比墩油葫芦小，有铜制，也有铁制。

第三十四章　罐装、售卖工具

罐装是将制作完成的香油盛放在一定容器中的过程，过去物资匮乏，盛放香油多用油篓一类的编织物。罐装完成的香油就可以售卖，其售卖工具主要是运送香油的载具及其他辅助性工具。

▲ 香油坛子　　　　　　　　　　　　　　　　▲ 香油篓子

香油坛子

香油坛子，是用于盛装香油的工具，肚大口小，陶瓷制成。

香油篓子

香油篓子，是用于盛放香油的工具，其内壁及开口通常用浸过桐油、猪血的布或桑皮纸进行裱糊，以保证其密闭不漏。

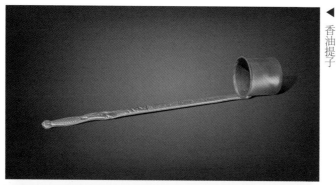

香油提子

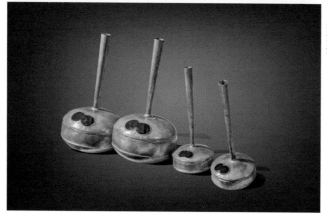

香油壶

香油提子与香油壶

　　香油提子是一种传统的取香油工具。香油壶，是售卖香油时用于提油、分重的工具，扁圆形，带孔和把手，多为铜质，也有白铁打制，有半斤、一斤等多种规格。

香油漏斗

　　香油漏斗，是用于分装香油、避免洒漏的工具。

▲ 香油漏斗

手动罐装机

　　手动罐装机，是用于罐装香油的手动工具，能够代替漏斗分装，效率大幅提升。

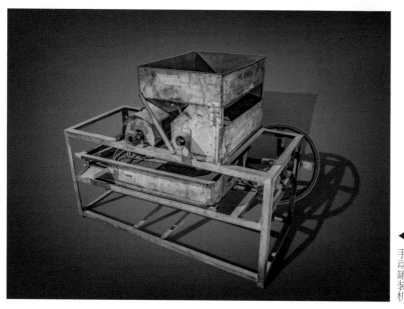

手动罐装机

手动封盖机

　　手工封盖机，是在成品香油分装入瓶后，进行密封加盖的手动机械工具。

香油瓶

　　香油瓶，是盛装成品、用于售卖的工具，透明玻璃制成，有半斤装和一斤装两种。

◀ 香油瓶

▲ 自行车与油桶

自行车与油桶

　　香油是日常生活中用量较少的油类，香油作坊若外出售卖，不需携带太多。旧时，一辆自行车后座上跨两个油桶和计量工具，就能满足当日的售卖量。同时，自行车也较为机动轻便，便于赶集、串街售卖。

第十篇

晒盐工具

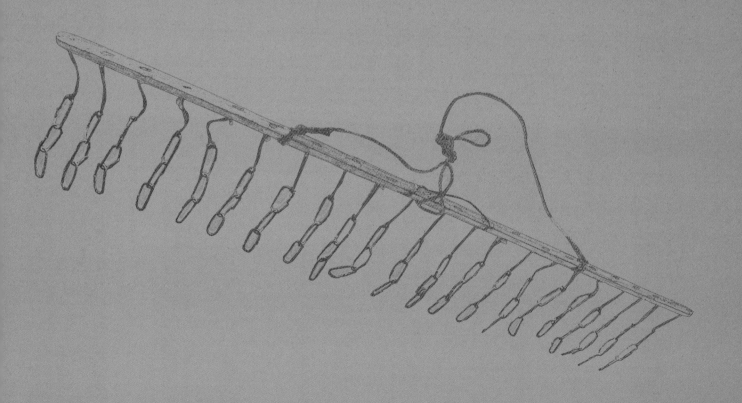

晒盐工具

　　盐，作为百味之首，不仅能增加菜品的口感，还具有防腐杀菌的功能。盐的成分主要是氯化钠，适量食用对人体肌肉运动和神经系统都能起到很好的维护作用。盐在中国的历史较为久远，传说炎黄时期，人们便开始食用海盐。据说当时东海之滨有一部落，首领名叫夙沙，夙沙经常带领民众去海边捕捞鱼虾，他发现人喝了海水之后，身体就会变得有精神，一日，海水退潮后，沙滩多日没有遭到海水浸袭，出现白茫茫的一片。他与部落的民众嬉戏时，不慎含入白粒，口感"盐"的读音便被人们记了下来。到后来第八代部落首领继位，发明了将海水放到容器中暴晒数日得到海盐的技术，"盐"就这样诞生了。

　　考古发现，早在仰韶时期，人们便已掌握了用器皿煮盐的工艺。食盐有多种，包括海盐、湖盐、井盐、矿盐、土盐，其中，海盐自古至今，都是食盐的主要来源，海盐的晒制过程主要分为纳潮、制卤、结晶和收盐四大步，本篇主要介绍海盐晒制过程中使用的工具。

晒盐滩

第三十五章　建摊、纳潮工具

　　纳潮指的是通过水渠将海水引入晒盐池中，以备蒸发成盐的过程。纳潮之前首先要建摊，建摊的选址往往选择平坦的沿海荒摊，选址时要注意距离，太近容易遭到海水侵袭，太远运输海水不方便，因此要距离适中，然后按一定的摊池数建造。摊池的顺序由上而下逐个挖低，方便引水，落差一般为10cm，上下池之间开有闸门，用于每个池水的阻隔。底池下筑坨台，四周设木栏，俗称盐坨，用于储放海盐。摊池周围挖盐沟，以备纳潮储水。临海一面设置沟堤，开一闸门，以备启闭。其外再开一"潮沟"，直通于海，用以引潮入沟。

　　盐摊建成后，还要整摊。将池内泥土挖松、晾干，再放入海水泡稀，盐工赤脚在池内，将池踩匀，用光墩或扁夯压平底池，然后将池内海水排出晾干，方可纳潮。

▲ 光墩

光敦

　　光敦，俗称"碌碡"，是用于压平滩场、建造贮水池或压实坨台的工具，由石磙子和碌碡裹子组成。

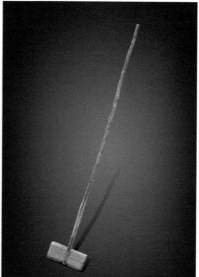

扁夯

▲ 石夯　　　　　　　▲ 扁夯局部

石夯与扁夯

　　石夯，是在建滩时用于夯实坨台或池坡的工具，由碌碡绑扎而成。扁夯，是用于加固、拍实边坡的夯具，也可用来抹平滩面，由夯板和木柄组成。

▲ 贮水池　　　　　　　▲ 闸门

贮水池与闸门

　　贮水池，是用于引入、贮存海水，以备晒盐的工具。闸门，是通过开关让海水流入、流出贮水池的工具，由巨石磨平叠放而成。

第三十六章 制卤、测卤工具

制卤，是在纳潮后用戽或水车汲取沟内海水灌入蒸发池中，通过地面水的渗透和空气中水的蒸发，来让盐分浓缩的过程。制卤要充分利用天气进行，其黄金时间是在每年的3～6月，这段时间天气好、风速大、蒸发量也大，适宜制卤。在制卤过程中，测卤也是关键一环，过去没有化学检测设备，人们常用莲子来测量卤的含量。

▲ 蒸发池

▲ 戽

戽

戽，也称"戽斗"，是用于汲取沟内海水灌入蒸发池中的工具，一般为木制与铁制。

水车

水车

水车，是用于将汲取的海水灌入蒸发池的工具，一般为木制或铁制。盐滩用水车多以风力和足踏为动力。

莲子

莲子

莲子，是用于测量海水中卤的含量的工具。将两枚莲子抛入池中，若一枚莲子浮出，则表示卤水含量为池中一半，若两枚莲子同时上浮，则代表可以晒卤。

蒸发池与闸门

蒸发池，是用于贮存海水加快水分蒸发、让盐分浓缩的贮水池，一般用砖块垒制而成。闸门，是用于防止蒸发池中水分在蒸发过程中流失，同时当蒸发到适合结晶时放入结晶池的工具，一般用木板制作而成。

蒸发池

闸门

第三十七章　结晶、松盐工具

　　结晶，是将蒸发池内的卤水注入结晶池，让其二次蒸发形成结晶的过程。为了保持一定的结晶深度，期间还要及时补充卤水。饱和的卤水蒸发时因受到池板的阻挡，只能溢上，若不及时翻动晶体，就会降低盐的产量和质量，所以每隔一段时间就要用木耙进行翻动，让盐粒各面都能均衡生长，这一步叫"松盐"。当蒸发量较大时，结晶容易呈片状或漏斗状的卤花，称之盐花。盐花会影响水分蒸发，减少产量，另外这些"盐花"不能成长为坚实完整的大粒盐，夹带母液多，质量差，所以要用链耙定时打散，这一步就叫"打盐花"。

▲ 结晶的盐卤

结晶池

结晶池，是用于对卤水进行二次蒸发的盐田储水池。

▶ 结晶池

▶ 木耙

木耙

木耙，是卤水结晶过程中用于捣碎、摊平盐层的工具。

链耙

链耙，是用于翻动盐田，使海盐均匀结晶的工具，形似农具中的耙，耙齿由铁链或铁齿制作而成，操作时由人拉动。

▼ 链耙使用场景

▼ 链耙（一）

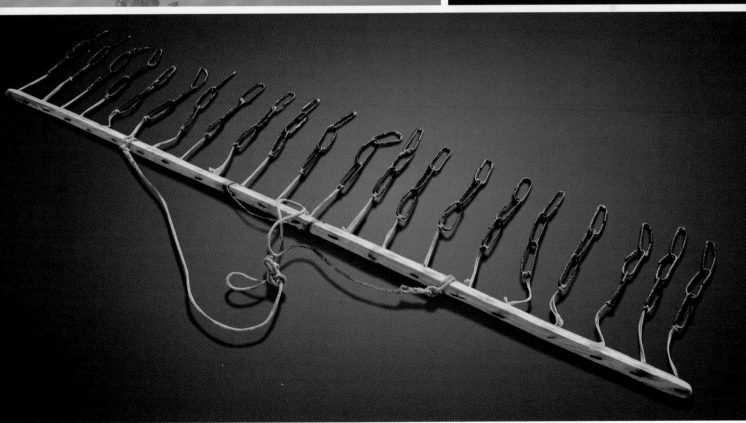
▲ 链耙（二）

第三十八章　收盐、运装工具

收盐指的是将结晶池中的盐收拢起来的过程，首先用刮盐板将盐从结晶池的各个方向统一收拢到中心堆起，然后将其装运至盐仓存放。收盐通常是在凌晨3~5点之间进行，早上气温低，劳作较为凉爽，同时太阳出来后，雪白的盐田会影响人的视觉，给人造成晕眩感。

▼ 海盐堆成的盐山

▲ 锨

▲ 用锨收盐场景

锨　　锨，是收盐时用于翻盐、铲盐、装卸并对块状盐进行破碎的工具，由木制锨柄和铁制掀头组成。

▲
刮
盐
板

刮盐板

刮盐板，是收盐时用于收拢盐田中结晶盐的工具，多为木制，手柄较长，扒面较大。

▲ 推盐车

推盐车

推盐车，是用于海盐运输的工具，也用于修滩时推泥、运料等的劳作，外形类似小推车，多为木制，四周带有木栏杆，装载量大，轮毂处有用木板做成的轮架，防止原盐在轮毂处黏结。

▼ 包装袋

第十一篇

酱油、醋酿造工具

酱油酿造工具

　　民以食为天，食以味为先，"油盐酱醋"原指的是基本的饮食调味品，后来引申为"日常琐事"，也成为世俗生活的代名词，自古至今，老百姓的厨房、餐桌上，自然少不了这些。

　　据考证，中国早在西周时期就已经出现了使用肉类、鱼类发酵而成的"醢"，并从这种鱼酱或肉酱中发现了可以用于调味的汁浆，那时酱油的制作工艺应该与现在的鱼露相似。到了秦汉时期，人们发明了用大豆作为原材料制作酱油的方法，使得这种原本只有皇室才能享用的"高级调味品"逐渐"飞入寻常百姓家"。后来在贾思勰的《齐民要术》等文献中，出现了酱油的酿造方法，但那时的酱油被称作"豉油""清酱"或是"酱汁"。中国最早有"酱油"这个称呼，出现在宋代林洪著作的《山家清供》中，书中写道，"韭叶嫩者，用姜丝、酱油、滴醋拌食"。这说明酱油至少在宋代已经成为普遍的调味品。

　　酱油酿造的工艺不算复杂，《齐民要术》中记载，酱油的酿造在每年农历的十二月与正月为最佳时间，经过对黄豆的净选蒸煮，加入麸曲发酵晾晒，便可得到馥郁浓香、色泽诱人的酱油。过去，酱油作坊各家有各家的手艺，掌握核心技术的往往是自家人，手艺绝不轻易外传。随着工艺的精进，酱油又出现适于炒菜、凉拌、利于提鲜的生抽和便于菜品着色的老抽。酱油的酿造工艺也传习到了日本、朝鲜及东南亚各国，成为世界饮食文化中的重要调味品。

　　酱油酿造包括蒸料、发酵、露晒、存取等工序，下面将着重介绍这些工序中使用的工具。

酱油晒露场景

第三十九章　酱油酿造工具

工序一：蒸料

蒸料，是将黄豆挑选、浸泡后上甑蒸焖的过程。根据古方要求，黄豆要蒸焖一天，保证均匀熟透，不掺杂生豆。蒸煮一天后，再关火焖一晚，使黄豆自然降温冷却。蒸料使用的主要工具有笸箩、浸泡缸、蒸甑、蒸缸等。

▲ 笸箩

笸箩

笸箩，是在蒸料中用于盛装和挑选黄豆的工具，由竹篾或柳条编制而成。

浸泡缸

浸泡缸

　　浸泡缸，是用于浸泡黄豆等原材料，便于其吸水膨胀软化的工具，一般由陶土烧制而成。

蒸缸与蒸甑

　　蒸缸，是用于盛放蒸煮黄豆的工具，与蒸甑不同的是，蒸缸一般镶入炉中使用，保温性更好，一般由陶土烧制而成。蒸甑，是用于盛放蒸煮黄豆的工具，由竹篾编制而成，配合蒸锅使用。

▼ 蒸缸

▼ 蒸甑

工序二：发酵

　　酱油的发酵通常分为两步：第一步是将蒸煮冷却完成的原材料，掺入曲种，放置在竹匾、竹篱等的工具中进行荫干、晾晒，待原料结块、霉变后代表初次发酵完成；第二步是将块结的原材料搓碎，掺入食盐水，放置于晾晒缸进行第二次发酵。

◀ 发酵场景

◀ 竹匾（一）

竹匾

竹匾，是制作酱油时用于盛装蒸熟后的酿造原料和曲种，便于阴干发酵的工具，外形与筐箩相似，但略扁，由竹篾编制而成。

▲ 竹匾（二）

▼ 竹篱

竹篱

竹篱，是用于阴干、晾晒、发酵酱油原料的工具，外形似匾，但比匾沿要高，由竹编制而成。

工序三：露晒

　　露晒，也称"日晒夜露"，是将发酵好的酱曲放入露晒缸中，与浓度20%的盐水进行混合，然后白天在日光下晾晒，夜间封盖露水使酱油发酵的过程。经过一段时间的日晒夜露，缸内的酱曲就转化为"大酱"，沥出的汁浆，便是酱油。古法酿造酱油，一般要三到五年才能生产出上乘佳品。露晒的主要工具有露晒缸、竹漏等。

▼ 露晒场景

▶ 露晒缸

◀ 竹漏

露晒缸与竹漏

　　露晒缸，是用于酿造酱油或醋的晾晒容器，由缸和缸盖组成，缸为陶制，缸盖为避雨斗笠。竹漏，是用于将酱坯与酱汁分离的工具，一般为圆形竹编。

工序四：存取

　　存取，是酱油酿造完成后存放、舀取酱油的过程，使用的主要工具有木桶、酱油瓮、提子、漏斗、壶等。

酱油瓮 ◀

酱油瓮与木桶

　　酱油瓮，是用于盛放酱油的大型容器。木桶，是从露晒缸中取出酱油后，用于盛装、运输酱油的工具。

木桶 ◀

酱油提子与漏斗

　　酱油提子，是用于捣舀酱汁和酱油的工具，由竹子制作而成。漏斗是将捣舀出的酱汁或酱油漏到盛装的容器中的工具，一般为木制或铁制。

▶ 酱油提子

◀ 漏斗

▶ 酱油壶（一）

◀ 酱油壶（二）

酱油壶

　　酱油壶，是家庭中用于盛放酱油的工具，带有壶嘴，便于倾倒取用，多为陶制或瓷制。

醋酿造工具

　　醋，是人们日常餐桌上常见的一种调味品。醋的出现不仅丰富了人们的味觉，增加了饮食的风味，同时也有保健养生和防病治病的药用价值。醋的发明较早，《周礼·天官冢宰·酒正》就有关于醋的记载，只不过那时的"醋"写成"醯"，专门负责酿醋的官员，称为"醯人"。历史上，关于醋比较有名的典故是房玄龄夫人吃醋的故事。房玄龄是唐初杰出的政治家，位列宰相，勤政爱民，但他有"惧内"的毛病，唐太宗体恤他，赠予两名美人。房夫人知道后，大为不满，与唐太宗当庭对峙，唐太宗以抗旨不遵为名佯装要将房玄龄下狱问罪，对房夫人说"要么接受馈赠，要么饮下鸩酒"。房夫人悲愤之极，抱起坛子，一饮而尽，饮毒酒后居然没事，原来名为"毒酒"，实为"醋"，众人见状开怀大笑，此事不了了之。"吃醋"便由此成为男女感情关系中妒忌的代名词。

　　醋，早在汉代就已经普遍食用，到了魏晋南北朝时期，食用醋的产量和销量已经很大，《齐民要术》中总结了22种酿醋工艺，是中国最早系统记录酿醋工艺的著作。千百年来，各地制醋匠人结合本地原料、工艺，制作出了风味各异的食醋，如山西老陈醋、镇江香醋、保宁醋、永春老醋、天津独流醋等。制醋的原料，北方以高粱、小米、小麦、麸皮为主，南方以糯米、粳米为主。传统酿醋工艺主要包括清洗、润料、打浆、酒化、醋化、熏醅、淋醋、灭菌等几个步骤。按照其步骤，我们可以把酿醋的工具分为备料工具、蒸煮工具、发酵工具、熏醅工具、淋醋工具和陈放工具。

◀ 醋

第四十章 醋酿造工具

工序一：备料

酿醋的"备料"，有的地方也叫"润料"，指的是对原材料进行筛选、净化、清洗、浸泡的过程。浸泡时要求原料完全浸润，一般来说冬季浸泡24h为宜，夏季则需要15h即可，春秋季节一般需要18～20h。浸泡后，用笊篱捞出，放入筐笋，再用清洗的棉布反复擦洗，以备蒸煮。

▲ 酿醋原料

◄ 浸泡缸

浸泡缸

浸泡缸，是用来浸泡制醋原料的容器，一般为陶土烧制而成，也可用盆来代替。

▲ 扇车

扇车

扇车，是用于筛选、净化制醋原料的工具，一般为木制。

▼ 竹篱

▲ 笊篱

笊篱与竹篱

笊篱，是将浸泡缸中的制醋原料捞出的工具，一般为柳编或铁制。竹篱，是用于清洗、净选原材料的工具，由竹篾条编织而成。

工序二：蒸煮

　　蒸煮，是将沥干水分的制醋原料放入灶炉中煮熟的过程，蒸煮前要向蒸屉中铺上一层高粱壳、稻壳，煮的时候要确保火候适中，要求原料熟透、不能粘锅、不夹生。蒸料取出后要用凉水快速冲淋冷却，避免粘黏。冲淋结束后取出蒸料，平摊在掺料槽中拌入酒曲，但这一步要尽量在温度降至25℃时完成。蒸煮时用到的主要工具有锅灶、掺料床、铁锨、冲淋管等。

▼ 蒸料锅灶

蒸料锅灶

　　蒸料锅灶，是用于蒸煮制醋原材料的工具，由大铁锅、灶台和风箱组成。

▲ 掺料床

掺料床

掺料床，是用来将麸曲搅拌掺入蒸料的专用工具，一般为木制。

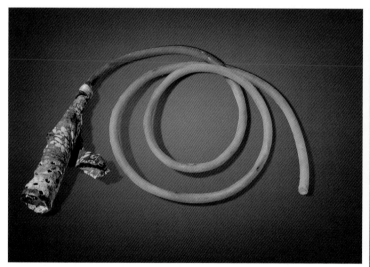

▲ 冲淋管

冲淋管

冲淋管，是用于给蒸料冲淋凉水，迅速降温的工具，一般为橡胶或软塑料管制成。

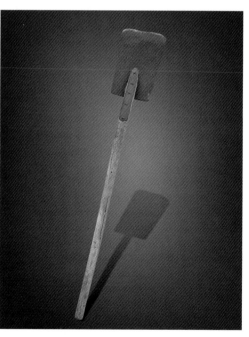

► 铁锨

铁锨

铁锨，是在制醋工艺中用于对蒸熟的原料进行搅动、摊平、晾晒的工具，由铁锨头和木柄组成。

工序三：发酵

发酵指的是将制醋原料中的淀粉转化为葡萄糖，再由葡萄糖转化为乙醇，乙醇转化为乙酸的过程。这就是所谓的"酒醋同源"，酿醋其实是将制醋原料先酿成酒（俗称"酒化"），再酿成醋（俗称"醋化"）。酒化完成后的原料称为"酒醪"，需要再加入麸曲、水分，用木耙进行数次搅拌，封缸严实后继续发酵，经过十几天的发酵，酸度不断上升，酒醪变为"醋醅"。醋醅经过降温晾晒后，再倒入发酵缸继续发酵，十天左右，醋化就基本完成，醋醅降温，以备熏醅。酿醋的发酵较为复杂，所用的主要工具是发酵的缸、木耙及一些转运晾晒工具。

▼ 发酵缸（一）　　　　　　　　　　　　　　▼ 发酵缸（二）

发酵缸

发酵缸，是用于盛装蒸料和麸曲，发酵酒醪、醋醅的工具，一般为陶制大缸。

木耙

　　木耙，是用于搅拌缸中原料的木制工具。原料酒化完成后，需要添加麸曲、稻壳、水分等，用木耙将其与酒醪进行搅拌，俗称"开耙"。

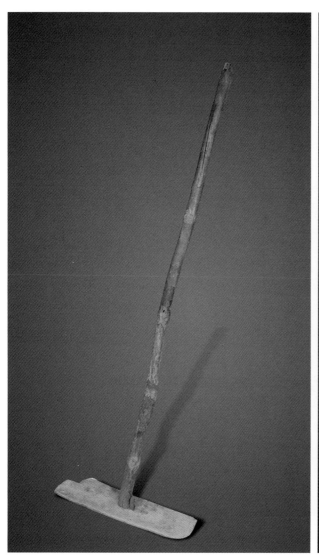

▲ 木耙

▲ 柳条筐

柳条筐

　　柳条筐，是用于转运酒醪、醋醅等原料的工具，一般用柳条编织而成。

草盖与缸盖

　　草盖与缸盖，都是用于覆盖发酵缸的工具。草盖通常由篾片或稻草编织而成，用油布包裹，密闭不透；缸盖由竹篾编织而成，呈锥形，具有一定的透气、透水性。

▼ 草盖　　　　　　　　　　　　　　　　　　▼ 缸盖

▲ 醋曲　　　　　　　　　　　　　　　　　　▲ 麦糠

醋曲与麦糠

　　醋曲，是用于发酵原料的一种霉菌，多由大麦、豌豆、麸皮作为坯料制成；麦糠，是发酵时配合醋曲使用添加的材料。

工序四：熏醅

　　熏醅是将发酵好的醋醅放到锅灶进行烘烤的过程。熏醅的主要作用是添加醋的有效成分，使酯香、熏香、陈香结合，并且附有独特色泽，一般是在特制的炉灶中进行，每行的炉灶都安装着多个小缸，取一半醋醅放入缸中，来回翻动使其受热均匀。熏醅五天后，醋醅颜色变黑，称之黑醅。没有熏制的醋醅，颜色较白，称之白醅。

▼ 熏醅炉

熏醅炉

　　熏醅炉，是用于熏醅使用的炉灶，由砖与泥沙砌成，内置有火洞子，灶台上放置熏醅缸，通过烟火的大小控制熏醅火候。

► 平板木推车

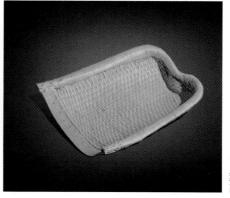

◄ 簸箕

平板木推车 与簸箕

　　平板木推车，是用于转运酒醪或醋醅的运输工具，一般为木制。簸箕，是在熏醅中将醋醅装填入熏醅缸中的工具，由柳条编织而成。

工序五：淋醋

淋醋，是将醋醅装入缸中，让醋汁浸泡流出的过程。淋醋主要用到淋醋缸、淋醋木架、接醋盆、醋瓢等工具。

◀ 淋醋缸

▲ 淋醋场景

淋醋缸

淋醋缸，是用于淋出醋汁的工具，缸底有排放醋汁的小孔。发酵好的醋醅装在淋醋缸中，用含醋量较低的醋汁冲淋醋醅，经缸底孔流下的醋液中含醋成分就提高了。

▶ 淋醋木架

淋醋木架

淋醋木架，是用于放置淋醋缸的工具，架子撑起来后，上面可以放淋醋缸，底下放接醋的盆子。

▶ 接醋盆

接醋盆

接醋盆，是淋醋过程中，用于接醋的容具，一般为口大底小的陶瓷盆。

▶ 醋瓢

醋瓢

醋瓢，是在润料及淋醋阶段，用于加水、检验醋汁浓度和品尝的工具，由葫芦解制。

工序六：陈放

　　陈放，是将刚酿的新醋存放一段时间让其色、香、味更佳的过程。传统陈酿醋多采用"夏日晒，冬捞冰"的自然陈放方式，将酿好的新醋放入缸坛内，此时的醋经过发酵，醋面已经形成一层薄薄的菌膜，散发着刺鼻的味道，用笊篱将悬浮物捞出，进行搅拌，使上下均匀，夏天时要将醋坛拿出用日光晾晒，而冬天的时候要把醋面的冰捞掉，这种做法使醋的浓度大大提升，口味也独具风格。经过夏晒冬捞后的醋就变为我们常说的"陈醋"。陈放用到的工具主要有醋坛子、陈酿缸、打醋漏斗、打醋提子等。

▼ 醋缸

▶ 醋坛子

醋坛子

　　醋坛子，是用于盛放成品醋的工具，肚大口小，多为陶瓷烧制。

▲ 陈酿缸

陈酿缸

陈酿缸，是用于盛装新醋，进行陈酿贮存的工具，多为陶瓷烧制。

▼ 醋漏斗

▼ 醋提子

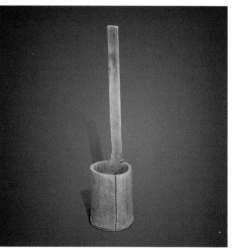

醋漏斗与醋提子

醋漏斗，是分装醋时用于防止滴溅、洒落的工具，由葫芦解制或铁制。醋提子，是用于舀取醋的工具，由提柄和圆筒组成，一般为竹制。

第十二篇

茶叶制作工具

茶叶制作工具

　　"人间有仙品，茶为草木珍"，中国的茶文化历史悠久，博大精深。茶叶曾是令无数国外友邦趋之若鹜的高级饮品，中国人很早便开始种茶、制茶、饮茶，在数千年的历史变迁中，人们不仅改进了制茶的工艺，而且丰富了茶的口味，诞生了红茶、白茶、绿茶、黑茶、黄茶、乌龙茶、普洱茶等众多品类和数百种口味；辅之以鲜果，则为果茶；窨之以花朵，可为花茶。在中国，茶不仅仅是一种饮品，更是一种文化，人们以茶会友，对饮则多得忠言良训，群饮则能听四方消息。茶亦可独酌，手捧一杯清茗，不仅能生津止渴，也是忙碌生活中的一种从容。古往今来，许多人以茶问道，从煮茶、饮茶中参悟人生玄机，茶与禅巧妙地结合在一起，也有"茶禅一味"的说法。

　　茶，本是风雅之物，但"书画琴棋诗酒花，柴米油盐酱醋茶"，人们偏偏把茶归为如"柴米油盐"这类的"俗事"中，也许，这正是茶的魅力所在。它从不挑人，无论是达官显贵，还是下里巴人，人们总能买得着、喝得起，茶不求贵，但求真心会意，一盏茶在手，喝出的是与自然的融洽，与自己的和解。制茶极为讲究，不同的茶有不同的制法，考究的制茶工艺非得是有几十年的老师傅不能悟到的。制茶是去其劣、断其骄、启其香、扬其华的过程。一片绿叶经采摘、萎凋、杀青、揉捻、干燥，千回百转后香气四溢的茶叶才能制好，正可谓"谁知香如许，却是百炼来"。本篇将着重介绍茶叶制作过程中使用的工具。

第四十一章　采茶工具

　　采茶是将茶叶从茶树上摘下，并由茶园、茶山等地转运至茶坊的过程。茶叶成熟的时间，往往决定了茶叶的等级品质，清明前采的茶为"明前茶"，谷雨前采的茶为"雨前茶"，具体到每一天，则是正午十二点至下午三点为最佳采摘时间。采茶一般摘取新芽上的三个叶（俗称"天尖"），手法上用拇指、食指捏住，轻轻摘下来，不能用指甲掐断。新叶放到竹篮里，要保持蓬松，不能用手去压，以免叶片折损，一次采的数量也不能太多。采茶使用的主要工具有茶篮、采茶刀、采茶篓、茶筐等。

▼ 采茶场景

▲ 茶篮

茶篮

　　茶篮，又名茶笼，是用于茶农背负采茶的工具，多以竹篾编织
而成、有五升、一斗、二斗、三斗等多种容量。

采茶刀

　　采茶刀，俗称"茶摘子"，是用于采茶
的工具，由木柄与镰刀组成，但"天尖"
一般用手来采集。

▲ 采茶刀

▲ 采茶篓

采茶篓

采茶篓，是用于采摘、盛装茶叶嫩芽的工具，体型较小，带有把手，可以手提，也可以配绳挂在腰间，用柳条或竹篾编织而成。

▲ 茶筐

▲ 带扁担茶筐

茶筐

茶筐，是用来盛装、转运茶叶的工具，一般配合扁担使用，多为竹篾编织而成。

第四十二章 萎凋工具

萎凋是指茶叶自然消散水分的过程。刚采摘下来的茶叶，叶片和茶梗中的含水量较大，通过萎凋可以使其中的水分和青草气消散，留下茶叶原本的茶香。萎凋分为室内自然萎凋、室外日光萎凋和两种方式相结合的复式萎凋。萎凋需要用到一些特殊的工具。

▲ 篾笆

篾笆

篾笆，古称"苹莉"，又叫"晾茶篓"，是用于茶叶萎凋的工具，圆形，有小格筛网，多为竹篾编织而成。

▲ 萎凋帘

萎凋帘

萎凋帘，是用于摆放晾晒茶叶的工具，多用于室外萎凋，形似大型的竹帘，以竹篾编织而成，竹竿做框，使用时成排摆放。

▲ 萎凋架（一）

▲ 萎凋架（二）

萎凋架

萎凋架，是用于放置篾笆的多层框架，用竹、木制成。

萎凋槽

　　萎凋槽，是用于茶叶摊平晾晒、去除杂物的工具，形似筛砂子的方筛，竹、木边框，内置纱网。

第四十三章 杀青工具

杀青是使茶叶继续发酵，促使香气韵味形成，去除茶叶中多余水分，固化茶叶香气的过程，主要分为做青、杀青和揉捻等几个步骤。不同的茶叶其杀青方法和杀青程度不同，比如乌龙茶的做青，要做到茶叶出现红边为止，是为半发酵茶，绿茶的做青就不能出现发酵。杀青的方式有摇青、撞青、晾青、炒青等多种方式。杀青用到的主要工具有摇青筒、摇青篮、水筛、茶杈、炒茶锅等。

▼ 做青场景

▲ 水筛

水筛

水筛，是用于手工摇青的工具，由柳条或荆条编制而成。用水筛去除茶叶上的灰质和茶毛。

◀ 摇青篮

摇青篮

摇青篮也叫“翻篓”，是传统制茶摇青的主要工具，多为竹编，中间有横木，以绳悬吊进行摇青。

▼ 摇青桶

摇青桶

摇青桶也叫“摇青机”，是用于手动摇青的滚筒式工具，竹摇青桶木制成，适用于滚筒式摇青的茶叶品种，如普洱茶等。

▲ 茶杈

茶杈

茶杈，是杀青时翻炒茶叶的工具，多为木制，也可用一段树丫代替。

◀ 炒茶锅

炒茶锅

炒茶锅，是用于翻炒茶叶的工具，一般为铁制大锅。

第四十四章　揉捻工具

揉捻指的是塑造茶叶内质与外形的过程。通过揉捻能使茶叶细胞损伤，茶汁外溢，加速多酚类化合物霉促氧化，为茶叶内质的形成提供条件。同时，揉捻能使茶叶形成美观的条锁、卷曲等外形。揉捻用到的工具有揉捻台、茶箩、揉茶机等。

▶ 揉茶

◀ 揉茶机局部

揉捻台

揉捻台，是用于揉捻茶叶的工具，用单层石磨做成，利用石磨的纹理，外圈揉大叶品种，内圈揉小叶品种。

茶箩

茶箩，是用于手工揉茶的工具，也可以用来萎凋和盛装茶叶，一般用竹篾编织而成。

▲ 揉茶机（一）

▼ 揉茶机（二）

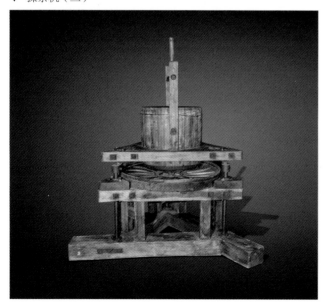

揉茶机

揉茶机，也称作"盘式揉茶机"，是用来揉搓茶叶的木制手工机械工具，主要由卷布杆、莲花座、揉捻盘、揉桶、传动装置等部分组成。揉茶机的样式有多种，常见的有单桶、双桶、三桶和四桶等几种形式。

第四十五章　干燥工具

　　干燥指的是使揉捻后的茶叶迅速失去水分，固定成型，进而锁住茶叶芳香的过程。茶叶干燥常见方法有"晒青""烘青""炒青"三种。绿茶的干燥多采用烘青和炒青，是利用高温迅速去除水分，锁住茶叶中香气，这样冲泡出来的绿茶会有"高香"。而如红茶、普洱茶等全发酵茶，其干燥过程较为漫长，通常分为两步，第一步叫"毛火"，温度较高，容易迅速锁住香气，减少不利品质因素的变化，第二步叫"足火"，摊晾后再进行第二次干燥，采用低温慢烘的方式进行干燥。干燥用到的主要工具有焙笼、焙窟、谷斗、簸箕和茶铲等。

▲ 炒茶

▲ 焙笼与焙窟

焙笼与焙窟

　　焙笼又称"炕篓"，是火焙时用于盛装茶叶的工具。将铺有揉捻后茶叶的焙笼放置在焙窟上进行文火慢烤是传统岩茶的主要干燥方式。

　　焙窟简称"焙"，焙窟是用于烘焙茶叶的工具，一般是在地上挖深60cm、宽约80cm、长约300cm的条状坑，地上砌高约60cm墙，抹平整后内置木炭而成。

▼ 谷斗

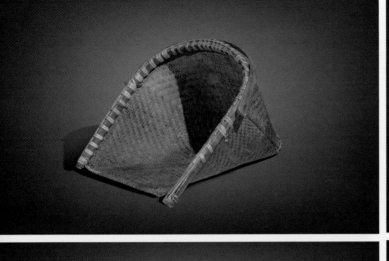

▼ 炒制完成的茶叶

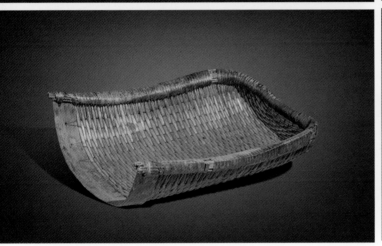

▲ 簸箕

▲ 茶铲

谷斗与簸箕

　　谷斗和簸箕，都是在干燥过程中，用来收集、转运茶叶的工具，一般由竹篾和柳条编制而成。

茶铲

　　茶铲，是用于翻炒、检查、铲取、分装茶叶的工具，一般为铁制。

茶罐

茶罐与卖茶挑子

　　茶罐，是用来贮存成品茶叶的工具，多为瓷制或陶制。卖茶挑子，是用于沿街叫卖茶水使用的工具，一般由两个木制箱子组成，一个设有风箱炉灶烧水，另一个设有放置茶具、茶叶及钱箱的橱柜，柜体上部设有茶台，挑子上装有竹篾弯成的把手，便于挑运，配合扁担使用。

 卖茶挑子

第十三篇

粮食酒酿造工具

粮食酒酿造工具

"绿蚁新焙酒，红泥小火炉。晚来天欲雪，能饮一杯无?"白居易的诗作《问刘十九》，朴素的温情里，有世事沧桑的沉淀，其中，酒是重要的引子。酒在中国文化中占有重要地位，"开轩面场圃，把酒话桑麻"，酒是拉近人与人之间距离的"润滑剂"；"劝君更尽一杯酒，西出阳关无故人"，酒是友人间的"粘连剂"；"醉卧沙场君莫笑，古来征战几人回"，酒也是豪情迸发时的"催化剂"。李白斗酒诗百篇，关羽温酒斩华雄，苏轼把酒问青天，曹刘煮酒论英雄，古往今来，关于酒的诗词歌赋、异闻传说数不胜数。说起来，酒就像一面放大镜，它放大了人们的内心，放大了人们的愁绪、思念、爱恋、豪情与愿景。同样，在无法自持的人那里，酒也是致命的凶物，误事的源头。这就像酒对人体的作用一样，少饮有舒筋活血、延年益寿的功效，多饮则伤身害体、激发病灶。

人们爱酒，也怨酒，这似乎在酒的诞生之初就出现了。相传，坊间一般把杜康作为酿酒的祖师爷，传说杜康一日把剩饭倒入树洞内，十几日后，树洞内竟然传出异香，杜康察看，发现树洞内有浑浊的浆液，初饮酸涩，再饮甘香，随之仿照此法，酿造出一坛美酒，进献给黄帝，黄帝饮后感觉甚佳，赐名为"酒"，并命杜康大量酿造。此后黄帝以美酒大宴族人，族人饮用后消却疲劳、精神焕发，并有人开始载歌载舞，好不热闹。就这样连饮数日后，黄帝发现族人因为饮酒而忘形，闹出许多事端，并开始耽误生产劳作，遂下令，以后非祭祀、闲暇或重大事宜不得饮酒，这算是最早的"禁酒令"。

虽是传说，但杜康酿酒的故事却指出了生产酒的必要条件：原料和发酵。中国古代酿酒起源较早，古代提到酿酒技术的文献也很多，如《齐民要术》《本草纲目》《天工开物》等，都对酒的酿造技术和酒曲制作有较为全面详细的记述，但古人喝的酒与我们今天喝的可不一样，元代以前，没有蒸馏技术，纯靠酿造出的酒较为浑浊且酒精度较低，一般不超过20度。生活在中国北方的游牧民族，为了抵御寒冷，发明了蒸馏法，元代时传入中国，这才有了蒸馏制酒工艺，但人们通常把两种方法统称为"酿酒"。以高粱为原料制作的白酒为例，酿酒工艺主要分为润料、蒸煮、冷却、拌曲、发酵、蒸馏、窖藏等步骤，每一步需用到一些特殊工具，本篇将注重加以介绍。

▲ 酒窖场景

第四十六章　润料、蒸煮工具

润料指的是将高粱冲洗干净后，进行湿润的过程。有的地方也称"浸泡"，其目的都是让原料充分吸收水分，达到湿润程度。但像高粱这样的谷物，在润料之前往往要先研磨。目的是将粮食中的颗粒淀粉暴露出来，有利于淀粉颗粒吸水膨胀和蒸煮糊化，粉碎时颗粒不能太大，也不能太小。颗粒太大，蒸煮糊化时不易透彻，影响出酒；颗粒太小，酒醅容易发腻或起疙瘩，蒸馏时容易压汽，也会影响酒的质量。一般用石磨将高粱粉碎六到八瓣，成梅花状，受热面积大，易于煮熟煮透。

研磨后的高粱，加入温水（加水至原材料体积的45%即可）进行润料，均匀翻拌，堆积晾制一个小时左右，使水分充分吸收，做到谷物湿而不粘即可。

蒸煮是把充分吸收水分后的原料，利用推车和木锨装入甑锅进行蒸煮的过程。蒸煮温度要适中，避免烧焦，蒸煮是为了淀粉糊化，有利于淀粉酶的作用，同时还可以杀死细菌。一般蒸煮时间为45min即可。

润料、蒸煮使用的工具有旱磨、木掀、推料车、水瓮、木桶、甑锅等。

◀
酿造原料

▲ 旱磨

旱磨

旱磨，是用于将酿酒原料磨成粉状的工具，由沙石制成，体型
较大，直径在80～100cm之间，通常由畜力拉动。

▲ 木锨

▲ 推料车

木锨与推料车

　　木锨，是在酿酒工艺中用于铲料、堆料的工具，为木制。推料车，是用于装卸运送酿酒原料的工具，由车轮、车盘、车斗等组成，一般为木制。

◀
水
瓮

水瓮

　　水瓮，是用于盛水润料的工具，一般为陶制。

▲ 木桶

木桶

木桶，是用于盛装润料用水的木制工具。

▼ 润料场景

▶
甑
锅

甑锅

　　甑锅，是用于盛放蒸煮润料后的酿酒原料，便于杀灭细菌，促进淀粉酶转化的工具，呈圆筒形，上粗下细，多用木材制作。

第四十七章　冷却、拌曲工具

冷却指的是将蒸煮后的原料取出放到干净的地面摊平风晾的过程，温度降到20℃左右即可完成。传统酿酒工艺中，为了加速冷却，往往加入两道工序：一是在原料中加入稻壳、麸糠一类的谷物壳，防止原料因高温粘连结团不利于散热降温；二是向原料淋水已达到迅速降温的目的，但酒坊酿酒一般采用摊平风晾。

拌曲，是在冷却好的原料中加入曲粉（酒原料的25%），在加入温水，随后用木锨进行均匀翻拌（用手掌捏住料从手指缝挤出1～2滴水为宜）的过程。

冷却拌曲

酒曲

酒曲

酒曲，是将酿酒原料中的淀粉转化为糖，经发酵变为酒的一种催化介质。酒曲的种类主要有麦曲、小曲、红曲、大曲、麸曲，用于制作白酒的主要是大曲和麸曲。

竹笆

竹笆，是在冷却环节用于摊平搂翻蒸制后酿酒原料的工具，常
配合铁锨使用。

第四十八章　发酵、蒸馏工具

发酵，是将堆积好的酒醅（加入酒曲，经过搅拌的原料）用推车倾倒到发酵槽里让其发酵的过程。不同的酒型发酵时间也不同，清香型时间较短，一般为4～5天，而酱香型则需要多达8个月。蒸馏，是将发酵后的酒醅放入甑锅中蒸出酒汁的过程，一般依照酒花大小来判别酒头、原酒和酒尾，酒头、原酒和酒尾都分级分缸储存，一般储存6个月以上酒体才会成熟。发酵、蒸馏用的主要工具是发酵槽、酒蒸甑锅、酒罐和酒篓。

◀ 发酵场景

◀ 发酵槽

发酵槽

发酵槽，是用于盛放酒醅进行发酵的工具，一般为长方形深池，四壁由砖砌筑并抹实，深约200cm，长约300cm。

▲ 酒蒸甑锅

酒蒸甑锅

　　酒蒸甑锅，是用于酿酒蒸馏的工具，由甑锅、冷区器和导管三部分组成，甑锅中的酒原料受热，蒸汽通过导管进入冷凝器，冷凝器底部是流动的冷水，蒸汽遇冷气冷凝，就会与原来的酒液分开，从而形成酒精含量的酒，然后从导管流出。

▲ 酒篓

► 酒罐

酒罐与酒篓

　　酒罐，是在蒸馏时用于接装酒的工具，陶瓷烧制。酒篓，是用于盛装酒的工具，通常是由荆条或柳条编织而成，内壁多用浸过桐油和猪血的布或桑皮纸裱糊，可以做到密闭不漏。

第四十九章　窖藏、售卖工具

　　传统酿酒工艺中是没有勾兑这一工序，蒸馏后的酒即为成品酒，酿酒的最后一步是贮藏，俗称"窖藏"。成品酒要在干燥且温度适宜环境中密封保存，贮藏好后尽量不要挪动，使酒保持静止状态。酒在氧化作用下刺激感会逐步下降，异味也会逐渐消失，逐渐呈现出"溢香、喷香、留香"的酒香味，这就是人们所说的"陈年佳酿"。当然，并不是所有的酒都适合长期贮藏，我们通常所说的酱香型白酒是比较适合长期贮藏的。

　　俗话说"酒香不怕巷子深"。过去，酒坊酿造的成品酒，除了有固定的主顾订购外，往往要到附近的集市或是城镇进行售卖，正如唐代诗人张籍《宿江店》所言："停灯待贾客，卖酒与渔家。"窖藏、售卖使用的工具有酒海、酒窖、卖酒车、酒坛、酒提子等。

▲ 酒窖

酒窖　　酒窖，是用于盛放、沉淀酒的地窖，经过数月或数年的沉淀，酒的质量才能得以达到最佳状态。

▲ 酒海

酒海

酒海，是用于盛酒的工具，相当于大型酒篓，因盛酒量多，被称为"酒海"，通常是由荆条或柳条编织而成，内壁多用浸过桐油和猪血的布或桑皮纸裱糊，可以做到密闭不漏。其装载量较大，为了使其坚固外围设有三道铁箍。

▲ 酒坛　　　　　　　　　　▲ 酒提子

酒坛与酒提子

酒坛，是用于盛装酒水的工具，肚大口小，便于密封储藏，一般为陶瓷烧制。酒提子，是售卖酒时用于取酒（称"沽酒"）量重的工具，由竹或木制成。

▶
卖
酒
车

卖酒车

　　卖酒车，是用于赶集、串街时装运售卖酒的工具。传统的卖酒车是木制独轮车，配以麻绳将酒坛或酒篓捆扎在车盘上，并带有酒旗，用以彰显买卖行当。

第十四篇

养蜂摇蜜工具

养蜂摇蜜工具

　　在漫长的历史发展中，人类不仅学会了使用工具改造自然，改变生存和生活现状，而且也学会了驯养动物以满足生活需求。从采集到耕作，从狩猎到饲养，这是人类迈向文明过程中不可缺少的一步。聪明的先人还通过观察昆虫的习性，逐步掌握了利用昆虫进行生产、收获的技术。其中，最具代表性的便是养蜂摇蜜。

　　考古发现，早在距今约7000年前的中石器时代，西班牙的一处壁画上，就描绘了少女采蜜的场景。在2600多年前的古埃及寺庙中，也有养蜂人用烟驱赶蜜蜂的浮雕。在中国，历史学家通过对甲骨文的研究推断，殷商时期就已经出现了养蜂这样的行业。

　　作为一项古老的行业，蜂蜜的获取并不是人为制造的，而是从辛勤的蜜蜂那里获取的，养蜂也是通过研究蜜蜂的生活习性而进行人为干涉，古人不敢将其功劳归于自己，因此不说"制蜜"，而说"摇蜜"。养蜂人所从事的是一项辛苦而"甜蜜"的事业，他们寻花期而动，逐"花草"而居，在获取蜂蜜等蜂产品的同时又通过蜜蜂完成了大自然中的授粉传播，因此，蜜蜂是自然界中的"使者"，也是人类的"功臣"。古往今来有许多诗文对他们极尽赞美和推崇，如唐代诗人罗隐的《蜂》———"不论平地与山尖，无限风光尽被占。采得百花成蜜后，为谁辛苦为谁甜？"本篇主要介绍养蜂摇蜜过程中使用的工具。

第五十章 养蜂工具

　　养蜂是驯养蜜蜂，生产蜂蜜的过程。正所谓"养好蜂，才能制好蜜"。古人在长期的蜜蜂驯养过程中，总结出了一套完整的养蜂经验。按四季来分，春季主要促进蜜蜂繁殖，夏季主要做好防暑降温，秋季主要做好防病和蜜蜂繁殖，冬季则主要做好防寒越冬。按流程分，第一步是调查蜜源，所谓"蜜源"指的是能供蜜蜂采集花粉、花蜜的植物，包括品种、范围、花期长短等；第二步是购置蜂群，蜂群的选择应根据蜜源来决定；第三步则是配备养蜂工具，主要有蜂箱、面罩、蜂帚、起划刀、巢框等。

◀ 原野中的蜂箱

◀ 养蜂场景

成组的蜂箱

蜂箱

继箱

箱盖

蜂箱

　　蜂箱，是用于专供蜜蜂繁衍生息、酿蜜生产的工具，通常由底箱、继箱、箱盖、巢框、覆布等组成，箱体由木质而成。箱体表面一般刷白漆或桐油，可以使蜂箱经久耐用且保温防湿。

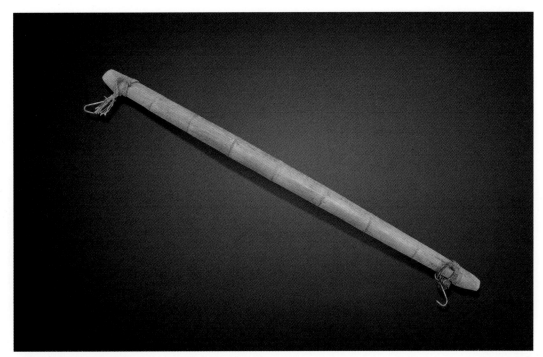

▲ 蜂箱扁担

蜂箱扁担

　　蜂箱扁担，是用于短途转运蜂箱的工具，一般为竹制。养蜂需要根据各种植被的开花季节进行辗转采蜜，俗称"转地追花夺蜜"。

▲ 揽箱绳

▲ 分批绳

揽箱绳与分批绳

　　揽箱绳，是用于捆绑蜂箱使其易于搬运的绳具，一般用麻或棕制成。分批绳，是系于蜂箱之上，用于对蜂产品不同生产批次做颜色区分的标记工具。

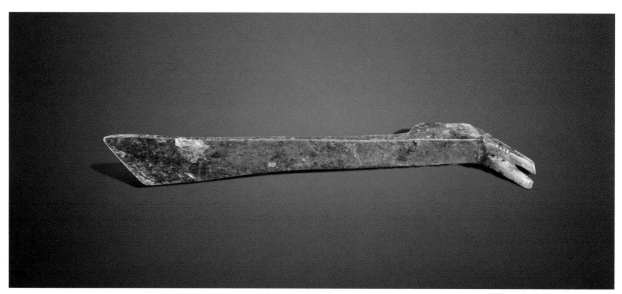

▲ 起划刀

起划刀

起划刀，是用于开启或加固蜂箱的专用工具，也可用于刮除多余蜂蜡，一般为铁制。

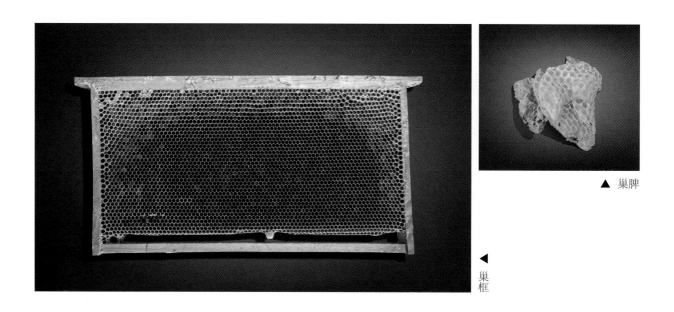

▲ 巢脾

◄ 巢框

巢框

巢框，是放置在蜂箱中用于蜜蜂修造巢脾的工具。巢脾是蜜蜂栖息的场所，由木框和众多六边形的蜂房组成，板状物，主要用来育幼虫、酿蜜、贮存粉蜜等。

▲ 纱盖

纱盖

纱盖，是放在覆布下用于防止蜜蜂出入的工具。生产蜂胶的纱盖也叫采胶板，由木框和纱网组成。

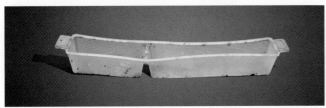

▲ 饲喂器

饲喂器

饲喂器，也叫"饲养盒"，是用于盛放喂养蜜蜂的糖浆、砂糖、清水等食物的工具，一般为木制或塑料制成。

蜂帽

蜂帽也叫"养蜂面罩""蜂罩"等，是养蜂时用于保护头部、面部、脖颈，防止被蜜蜂蜇伤的工具，下部带有纱网，一般为柳编或竹篾编制而成。

▶
蜂
帽

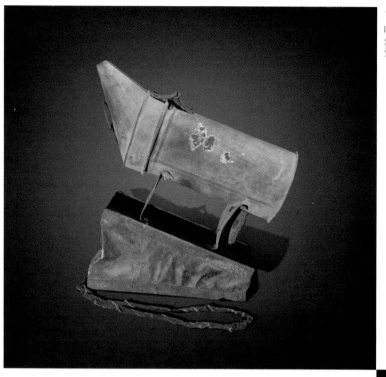

喷烟壶

喷烟壶

喷烟壶，是养蜂时用于驯服蜂群的工具，一般为铁制，由壶身、布老虎、壶嘴三部分组成。蜂群合并时，容易发生相互攻击、厮杀，也容易造成蜂王被围攻，这时可以利用蜜蜂"惧烟"的特性，使蜂群安静下来。

王笼

王笼，是在蜂蜜生产淡季时用于关闭蜂王，减少其产卵繁殖的工具，一般为竹木制成。

王笼

隔王板

隔王板，是安放在继箱与底箱之间，用于阻隔蜂王由底箱进入继箱产卵的工具，一般为木或竹制成。

隔王板

第五十一章　摇蜜工具

　　蜂蜜对于人类来说既是甜蜜的佐餐、调味品，也是营养丰富的滋补品。但对于蜜蜂而言，蜂蜜是赖以生存的口粮，工蜂通过吃蜂蜜分泌蜂王浆来哺育幼虫，幼虫出蜂房后通过进食蜂蜜和花粉调和成的蜂粮，结成蜂蛹，变为蜜蜂，如此周而复始，便是这种生灵生生不息的循环。因此，养蜂人从蜜蜂那里获取蜂蜜时，总会留下一部分给蜜蜂，因为他们懂得蜂蜜对于蜜蜂的重要性。

　　人工获取蜂蜜的方式主要有三种：摇蜜、割蜜和刮蜜。选择何种取蜜方式，要看蜂群的种类。我国目前人工饲养的蜜蜂主要是中华蜜蜂和意大利蜂两种，两种蜜蜂筑造巢脾的方式是不同的，意大利蜂的储蜜区、育子区和花粉区是在不同巢脾上分布的，因此选择摇蜜较为合适。摇蜜是用专用工具靠离心力将蜂蜜从巢脾中分离出来，俗称"摇蜜"。中华蜜蜂的储蜜区、育子区和花粉区是在一张巢脾上一次排列的，采用摇蜜的方式容易将幼虫甩出，影响蜂蜜的质量，同时容易造成蜂群的衰退，因此往往采用割蜜和刮蜜的方式。本章主要介绍摇蜜工具。

▲ 割蜜场景

摇蜜桶

摇蜜桶局部

摇蜜场景

摇蜜桶

　　摇蜜桶，又称"摇蜜机"，是用来摇取蜂蜜工具，内部有固定蜂脾的装置，用离心力原理通过摇动把手旋转蜂脾提取蜂蜜，一般为铁制。

蜂扫、割蜜刀与过滤网

　　蜂扫也叫"蜂帚"，是放取蜂脾时用以扫除蜜蜂的工具，由木柄和鬃毛组成。蜂扫除了用来扫除蜂脾上的蜜蜂，也常用来清扫蜂箱内的蜂尸、蜂蜡及杂屑等。割蜜刀，是用于对蜂脾进行刮割，以提取蜂蜜的工具，一般为铁制，形状多为平板，类似豆腐刀，刀刃并不锋利。过滤网，是用于过滤蜂蜜的工具，蜂蜜经摇蜜桶摇出后，含有较多的杂质，经过滤网过滤后，才能产出较为纯净的蜂蜜，由网圈与网布组成。

▼ 蜂扫

▼ 蜂扫使用场景

▲ 割蜜刀

▲ 滤蜜场景

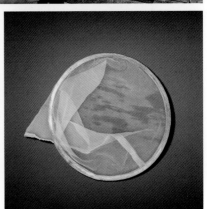

▲ 过滤网

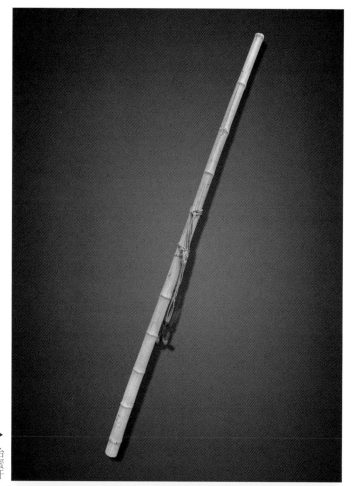

抬蜜杆

　　抬蜜杆，是用于抬摇蜜桶的工具，中间绑有绳索，下坠弯钩，通常由韧性较好的毛竹杆制成。

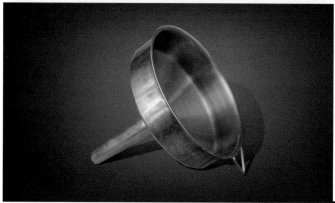

蜂蜜漏斗

　　蜂蜜漏斗，是用于将纯净蜂蜜灌入到口径较小的器皿中的工具，一般为铁或铜制。

蜜罐

　　蜜罐，是用来于盛放蜂蜜的工具，一般为陶瓷烧制，配有顶盖，便于贮藏和防尘。

第五十二章 蜂王浆采集工具

蜂王浆是工蜂在食用蜂蜜后分泌的一种物质，在蜂群中主要用来饲养幼虫。蜂王终生以蜂王浆为食，而其他的蜜蜂则以蜂蜜为食。蜂王浆是一种名贵的滋补品，清代时，蜂王浆作为贡品被进献给皇帝服用，那时，蜂王浆被称为"蜜尖"。现代医学研究发现，蜂王浆对促进人体健康具有一定的保健作用。蜂群中自然生产的蜂王浆很少，人们通过研究蜜蜂生产蜂王浆的过程，进行人工干预，提高蜂王浆的产量，因此使得曾经只能被帝王享用的贡品，飞入寻常百姓家。本章主要介绍采集蜂王浆时使用的工具。

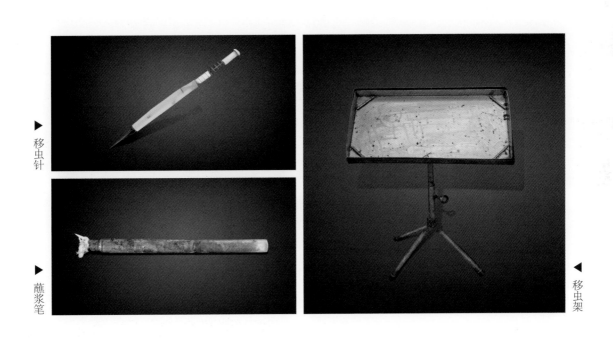

▶ 移虫针

▶ 蘸浆笔

◀ 移虫架

移虫针、移虫架和蘸浆笔

移虫针，是用于夹取虫卵，进行移虫的工具。移虫架，是用于移虫操作的工具，为钢架制作。蘸浆笔，是用于移虫前蘸取蜂王浆涂刷蜡杯以提高蜂蛹成活率的工具。

王浆架

王浆架，是用于固定王浆条的工具，用竹、木制成。

王浆割刀

王浆割刀，是用于割除王浆条上工蜂筑起的巢房的工具，由木柄与长条片刀组成。

▼ 王浆架

▼ 王浆割刀

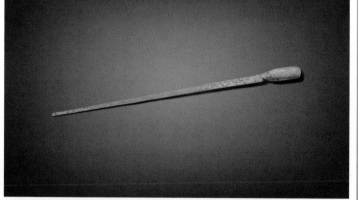

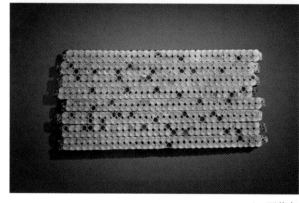

▲ 王浆条

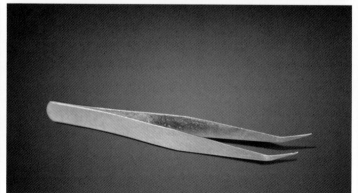

▲ 夹虫镊子

王浆条

王浆条，是用以收集工蜂生产的蜂王浆的工具，由铁丝把蜡杯条固定在木片上制成。

夹虫镊子

夹虫镊子，是用于夹取蜡杯中的幼虫的工具，一般为铁制。

挖浆笔

挖浆笔，是用于从王浆条上的蜡杯中挖取蜂王浆的工具，一般为竹签制成，有单头的，也有双头的。

▼ 挖浆笔

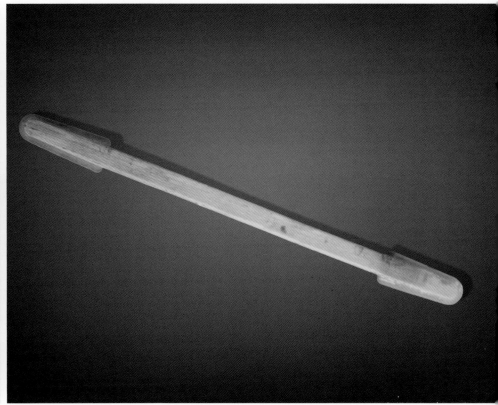

▲ 王浆瓶

王浆瓶

王浆瓶，是用于盛放蜂浆的工具。蜂王浆取出后装入王浆瓶，需要冷冻存放，一般为玻璃或塑料制成。

第五十三章　蜂蜡采集工具

　　蜂蜡是工蜂分泌的一种蜡状物质，通常呈黄色、淡黄色或白色，常温状态下为固态。对蜜蜂来说，蜂蜡是巢房的封盖。对人类来说，蜂蜡有较为广泛的用途。蜂蜡在古代是制作蜡烛的主要原料，早在《周礼·秋官·司烜氏》中就有"共坟烛庭燎"的记载；《神农本草经》中还把蜂蜡誉为医药"上品"，有消毒、止痛、敛疮、生肌等功效；古人还利用蜂蜡进行印染、织布、贮藏等。在现代，蜂蜡在化妆品、医药、造纸、电力、印刷等行业领域都有广泛的应用。采集蜂蜡的工具主要有铲蜡刀、割蜡刀、熔蜡锅、挤蜡器、滤蜡网、挤蜡棍、清碗器等。

▲ 蜂蜡

▲ 铲蜡刀

▲ 割蜡刀

铲蜡刀与割蜡刀

　　铲蜡刀，是用于铲除蜂脾上蜂蜡的工具。割蜡刀，是用于割王浆条、王浆框等位置上蜂蜡的工具，由木柄和刀片组成。

▲ 熔蜡锅

熔蜡锅

　　熔蜡锅，是用于对蜂蜡进行加温熔化的工具，一般为铁制，与炉灶配合使用。

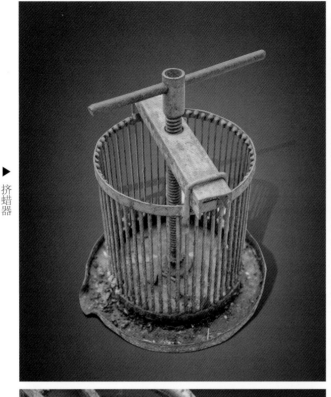

▶ 挤蜡器

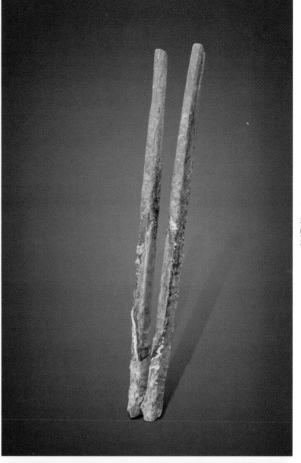

◀ 挤蜡棍

▶ 滤蜡网

◀ 清碗器

挤蜡器与滤蜡网

　　挤蜡器，是对滤蜡网包裹的蜂蜡进行加压，提取蜂蜡的工具，一般为铁制。滤蜡网，是用于包裹蜂蜡对其进行过滤的工具，由网布制成。

挤蜡棍与清碗器

　　挤蜡棍，是用于在桶内挤压蜡包提取蜂蜡的工具，一般为铁制。清碗器又称清蜡碗器、清碗搅刀，是用于清理未成活蜂虫所在蜡杯残余物的工具，木柄钢头。

第五十四章 蜂花粉与蜂胶采集工具

中国是最早食用花粉的国家，古人把花粉称为"落英""香珠"。宋代苏东坡在《松粉歌》中写有"一斤松花不可少，八两蒲黄切莫炒。槐花杏花各五钱，两斤白蜜一起捣。吃也好，浴也好，红白容颜直到老"。这首诗形象地表明了古人对花粉的认识，说明花粉可以作为美容养颜的滋补品食用。从蜜蜂那里获得蜂花粉，也是蜂产品中的一种。

蜂胶是意大利蜂在采集植物树脂时分泌的一种固态胶质物，中国本土蜜蜂——中华蜜蜂不生产蜂胶。现代医学研究发现，蜂胶对补虚、化浊、止消渴、降血脂，外治皮肤皲裂、烧烫伤等都有效用，被广泛地应用于医疗、美容、保健等行业领域。本章主要介绍采集蜂花粉和蜂胶的工具。

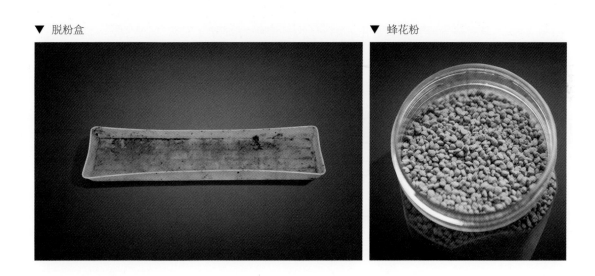

▼ 脱粉盒　　　　　　　　　　　　　　　▼ 蜂花粉

脱粉盒

脱粉盒，是放置在巢门下用于收集蜂花粉的工具，一般为铁制或塑料制成。

采胶板与胶桶

　　采胶板，是用于采集蜂胶的工具，带有细密的网格，置于蜂箱盖内，一般由竹、木制成。胶桶，是用于收集、盛装蜂胶的工具，一般为铁制。

第十五篇

屠宰工具

屠宰工具

相较于采集和农耕来说，屠宰的历史更为久远。早在远古时代，人类的祖先就通过狩猎屠宰，茹毛饮血，人类的血脉才能得以延续至今，并走向了食物链的顶端。先秦及更早的时代，人们杀猪宰羊，不仅为了满足食用的需求，而且很多情况下也是为了祭祀。"牺牲"这个词是指为了某件事情，舍去自己的利益甚至生命的意思，但它原来意思，是指为了祭祀而屠宰牛、羊、猪等牲畜，以祈愿上苍或神明。

到了封建社会，尤其是汉代以后，中国的屠宰业逐步成熟，人们通过宰杀牲畜以获得肉类，补充身体所需的各种营养和满足口腹之欲。历史上著名的"庖丁解牛"的典故，出自《庄子·养生主》篇，说的是一位叫庖丁的人，为文惠君杀牛并分割，因刀法娴熟、气势动人而轻松夺冠。这个故事说明，在当时已经出现了以宰杀为项目的烹饪大赛。"庖"也是厨房的代名词，"庖厨"也就是今天的"厨师"。

后来的大诗人李白，在他的名篇《将进酒》中也写道"烹羊宰牛且为乐，会须一饮三百杯"，有酒有肉，不仅是生活富足的表现，而且是带着一些侠义和豪情的存在。

本篇以宰猪为主线，按其操作步骤，可以把屠宰工具分为绑缚工具、宰杀工具、刮毛工具、剖解工具以及卤煮、售卖工具。

◀ 杀猪场景

第五十五章　绑缚工具

　　牲畜在屠宰前，首先要绑缚，这一步是最费时费力的，因为牲畜受惊后容易窜跑或攻击人类，往往需要有经验的多人合力将牲畜捉住并制服，在四条腿处绑缚以绳索，有时还需用布袋蒙住牲畜的头部，使其失去视野，然后用扁担、担杖等长木杆抬至屠宰场地。

▶ 屠宰场景

▶ 鞭子

鞭子　　鞭子是用来驱使猪等大型牲畜的工具。

杀猪扣

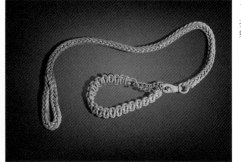

拉绳

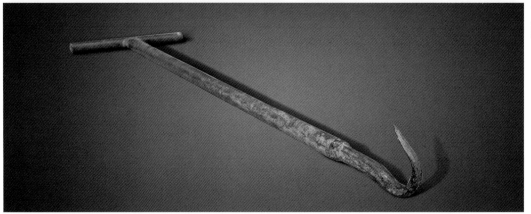

拉钩

杀猪扣、拉绳与拉钩

　　杀猪扣，是用麻绳圈成的用于捆绑牲畜四肢，防止其挣脱的绳结，具有越挣脱越紧实的特点。拉绳，是套在牲畜脖颈处，用于拉拽牲畜的工具，一般为麻绳。拉钩，是通过穿透牲畜下巴、腮部等部位，从而拉拽牲畜的工具，由铁钩和横把手组成。

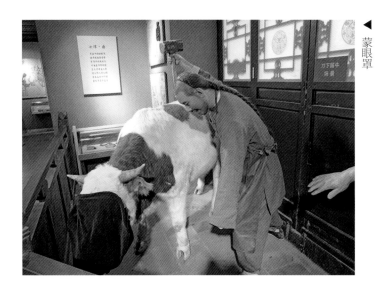

蒙眼罩

蒙眼罩

　　蒙眼罩，是屠宰牲畜之前，蒙在其头部用来遮挡视野的一种遮光工具，呈口袋形，一般为黑布制作。

第五十六章 宰杀工具

宰杀指的是屠宰牲畜，对牲畜做出致命一击的过程。传统的宰杀工具主要有刀、锤、宰杀台、接血盆等。传统宰杀是一门手艺活，通常由屠夫持刀执行，但也需几人合力，以杀猪为例，执刀人必须稳、准、狠，对准其脖颈处刺向心脏部位，一刀扎入，让猪血几乎全部流出，然后就可以进行刮毛、开膛了。当然，有些牲畜的屠宰方式与杀猪不同，如杀驴时，是以铁锤击打头部使其昏厥倒地，不能动弹，再以刀毙命。

◀ 屠宰场景

◀ 屠宰围裙

屠宰围裙

屠宰围裙，是在宰杀、剖解过程中，避免牲畜鲜血污染衣服的工具，一般为皮布制成。

▲ 宰杀床

宰杀床

宰杀床，是用来置放牲畜，进行宰杀的木床，其形如长条宽板凳，床面呈弧形或倒梯形，高度60～70cm。

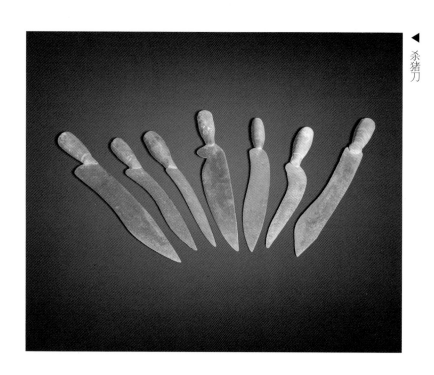

◀ 杀猪刀

杀猪刀

杀猪刀，是用于杀猪刀具的统称，按用途不同可分为宰杀刀、刮毛刀、砍脊刀、剔骨刀和分肉刀等。

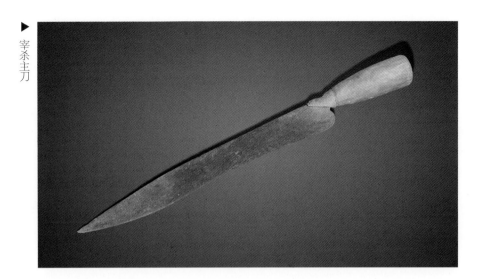

宰杀主刀

宰杀主刀

宰杀主刀，也叫"主刀""放血刀"，俗称"攘刀子"，是用于给牲畜放血，进行致命一击的工具，刀身较长，尖锐锋利。

接血盆

接血盆

接血盆，是用于收集牲畜鲜血的工具，口大底小，一般为木制。

▼ 八磅锤与蹄壳环

八磅锤与蹄壳环

八磅锤，是在宰杀大型牲口时用于锤击牲畜头部，使其昏厥的工具，由锤头和锤柄组成，一般为铁制。蹄壳环是在煮肉时用于夹住牲畜蹄脚，通过敲击使蹄壳脱落的工具，呈环形，为铁制。

第五十七章　刮毛工具

　　刮毛是将宰杀后的牲畜身体上的毛剔除干净的过程。刮毛的方法主要有两种：一种是在牲畜蹄腿部割一个小口，用手指粗细的铁钎（俗称"梃棒"）插入，使皮肉分离，通常情况下要通四次，钢条通向牲畜身体的各部位，直至耳朵根部，然后扎紧创口，使其密闭，以细竹杆或软管向牲畜体内吹气使其鼓胀，然后向鼓胀的畜体不断淋洒、浇灌开水，皮毛受热后用刮毛刀将其刮除；另一种是直接以火炙烤，使皮毛受热卷曲，再以刮毛刀刮除。对于猪头、猪蹄等不易刮毛的部位，还可以采用松香加热拔毛的方法处理。

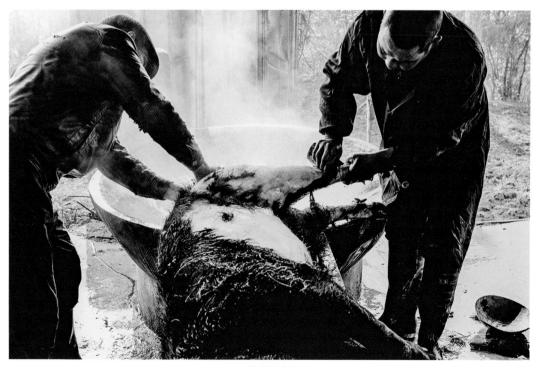

▲　杀猪拔毛场景

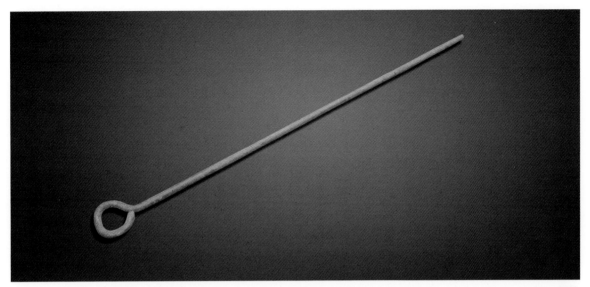

▲ 梃棒

梃棒

　　梃棒，是在刮毛过程中用于插入牲畜皮肉结合处，使皮肉分离形成吹气通道的工具，粗细如手指，一般为铁制。

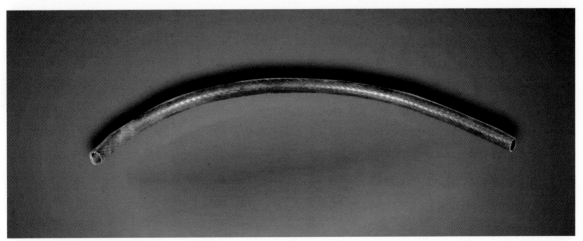

▲ 吹气管

吹气管

　　吹气管，是用于向牲畜体内皮表层吹气，使皮肤鼓胀绷紧的工具，以便于对其刮毛。

麻袋与舀子

　　麻袋与舀子都是用于给牲畜刮毛的辅助
工具，麻袋披覆在牲畜表面，用来撒开水时
保持温度，舀子用来舀取热水。

麻袋

舀子

刮毛刀（一）

刮毛刀（二）

刮毛刀

　　刮毛刀，是用于刮毛的工具，通常由钢板片卷
磨而成。

▶ 烤刀

◀ 烙铁

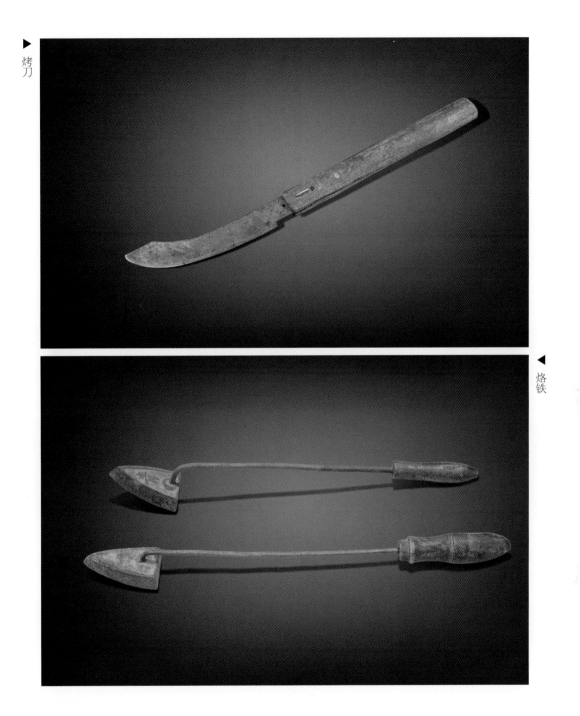

烤刀与烙铁

　　烤刀，是用于刮毛的工具，使用时先用火加热刀身，然后再进行刮毛。烙铁，是用于对猪头或猪蹄等部位去毛的工具，使用时需先将烙铁头部烧热。

第五十八章　剖解工具

剖解指的是对牲畜的尸体开膛破肚、清洗内脏、进行分割的过程。剖解的过程非常考验屠夫的手法和功力，技术娴熟的屠夫能准确地将牲畜各个部位进行分解，剔除筋骨，使肉块完整，便于烹制或售卖。剖解使用的主要工具有剔骨刀、砍刀、剁骨斧、木墩等。

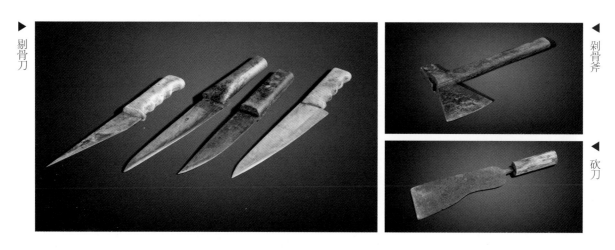

▶剔骨刀　◀剁骨斧　◀砍刀

剔骨刀、砍刀、剁骨斧

剔骨刀也叫"解骨刀"，是剖解环节用于将皮肉、骨肉进行分离的工具，体型较小，刀身呈三角状，刀刃锋利。砍刀又称"大骨刀"，是用于劈砍牲畜脊骨与腿骨的工具。剁骨斧，是用于砍剁分解牲畜骨头的工具，由斧头和斧柄组成。

木墩

木墩，是用于砍切骨头的操作台，形如厚砧板，通常由柳木制作而成。

◀木墩

第五十九章　卤煮、售卖工具

　　卤煮，是将生肉煮熟、卤制的过程。牲畜在经过剖解之后就可以进行售卖了，但有些屠宰作坊兼营售卖熟肉的业务，卤制口味各不相同，除了煮熟肉，对内脏的卤制加工更是独到。在过去，肉类不易取得，相比之下动物内脏因售价便宜，更容易为百姓获得，因此称之为"下货"，艰苦年代，过年过节，家里能获得一套"下货"也是极好的。本章将重点介绍卤煮和售卖过程中使用的工具。

▶ 卖肉架

▶ 挂肉钩（一）

▲ 挂肉钩（二）

卖肉架与挂肉钩

　　卖肉架，俗称"肉杆子"，是用以悬挂生肉，便于客户选肉的工具，一般为木制或铁制。挂肉钩，是用于将生肉悬挂于卖肉架上的工具，一般为双钩、三钩，由可拆卸钢环链接，一端挂肉，一端挂于架子。

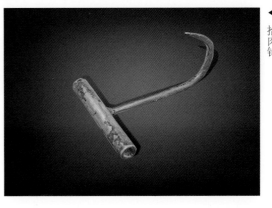

◀ 拾肉钩

拾肉钩

　　拾肉钩又叫"提肉钩"，是用于提取、拖拽较大肉块的工具，一般为铁制。

磨刀棒与磨刀石

　　磨刀棒与磨刀石，都是用于打磨屠宰刀具、斧头，使其更加锋利的工具。

▼ 磨刀棒　　　　　　　　　　　　　　　　　　　　　　　　　　　▼ 磨刀石

▶ 煮肉叉

▲ 煮肉钩　　　　　　▲ 煮肉锅

煮肉锅、钩、叉

　　煮肉锅，是用来煮肉、煮下货的工具。煮肉叉与煮肉钩，都是在煮肉时用来翻滚、检查肉质是否熟透、熟匀，以及叉钩熟肉出锅的工具。

漏勺与分肉刀

漏勺，是在煮肉过程中用于撇去浮沫及杂质的工具，也可用于捞取熟肉。分肉刀，是用于售卖时割取肉块的工具，刀身较短，刀刃锋利，生肉、熟肉皆可使用。

▼ 漏勺

◄ 分肉刀

▲ 熟肉箱

熟肉箱

熟肉箱，是用于盛装熟肉、下货，便于售卖的工具，多为木制，长约80cm，宽约50cm。

算盘

算盘，是卖肉时用于算账结账的计算工具。

▼ 算盘

▲ 杆秤

杆秤

杆秤，是在售卖生、熟肉时用于称重的工具。

第十六篇

捕鱼工具

捕鱼工具

中国是一个渔业大国，渔文化历史悠久，而"渔"字，指的是海边捕鱼者从事的生产活动。捕鱼作为一种劳动方式，有深厚的渔文化历史积淀，它与渔民的生活紧密结合，成为生活中不可缺少的一部分。

渔猎活动早在山顶洞人时期就已出现，那时的捕鱼地点主要为池泽、溪流，其方式基本靠手工捕捉，或利用简易工具，如石头、树杈等。到了新石器时代捕鱼开始普及，并且有了弓箭、鱼镖、鱼叉等工具。而后经过几千年的不断发展，越来越多的工具开始出现。随着人类对鱼类习性和捕捞技术的了解与研究，渔文化的积累和发展也相应地随之演进变化。从"伏羲结网"到"卧冰求鲤"，从"独钓寒江"到"江枫渔火"，关于渔的成语、典故、诗词层出不穷，人们从捕鱼中获得启迪，在丰富渔文化的同时也丰富了中国传统文化。在古代农耕社会，人们推崇的四种基本职业——"渔樵耕读"，代表了古代劳动人民的基本生活方式，也是各界达官显贵所追求的隐退生活，实际上是表现了传统文人在建功立业后渴望归于平淡的情怀，而"渔"被列为首位，可见其重要程度。

渔文化的根本便是捕鱼，我国北方一年四季都可以捕鱼，但相对来说春秋两季捕鱼较多，因为春秋时节的鱼肉较为肥美，因此有"桃花流水鳜鱼肥"的诗句。鱼的繁殖季节往往是在夏季，为了避免竭泽而渔，过去渔民们会选择错开这个季节，或者在捕鱼时使用网眼较大的渔网，这充分体现了人与自然和谐共生的理念。

捕鱼的方式、工具多种多样，将传统捕鱼工具按其特点进行分类，主要有叉鱼工具、网鱼工具、陷阱捕鱼工具、钓鱼工具及其他几类工具。

▼ 捕鱼场景

第六十章　叉鱼工具

　　在渔网出现之前，人们的捕鱼方式还处于原始阶段，使用工具上基本可以用"击""突"两个字来概括。击指的是利用树枝、石块等工具将鱼击伤，进行捕捉。突则是利用树杈刺杀鱼类，属于鱼叉的雏形。

　　后经改造，人们将木杆绑上尖锐器物制成简易鱼叉，或将兽骨进行削制做成鱼镖，进行捕鱼活动。后来人们对工具的使用越来越成熟，便在原有工具的基础上，改进出了脱柄与连柄两大类，并制造出了弓箭等工具进行捕鱼。

▼ 鱼镖（一）　　　　　　　　　　　　　　　　▼ 鱼镖（二）

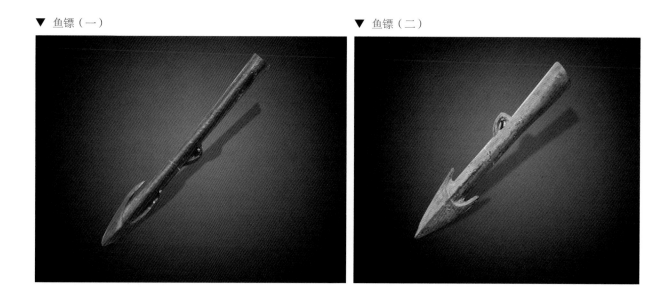

鱼镖

　　鱼镖是一种较为原始的捕鱼工具，其形如箭镞，带有倒刺，早期多为兽骨削制而成，后来出现了青铜的鱼镖；通过与柄的连接方式不同，分为脱柄与连柄两大类。连柄鱼镖是将鱼镖固定在木柄上，击杀或击伤鱼类进行捕捉。脱柄鱼镖一般是将鱼镖插在木柄或竹柄的夹銎中，大鱼挣脱时松开鱼镖"溜鱼"，再进行捕捉。

鱼叉

　　鱼叉有单齿、多齿之分，叉柄一般由硬木制成，尖端从石器过渡到现在的铁制叉头，而尖头也由圆锥尖头改良为现在的倒刺尖头。倒刺的作用是防止鱼类从尖端滑落逃跑，一般用于浅水处捕鱼。

第六十一章　网鱼工具

　　先民学会了用柳树皮、黄芪等原料编织渔网后，渔业进入了新时代。渔网的出现，提高了捕鱼的效率，使人们能够除了维持日常生计外，还有大量的剩余，使原始渔业成为较为稳定的行业；也由此在沿海地区出现了以物换物的原始贸易。

　　渔网的种类有多种，不同的鱼类对应着不同的网，如专门用于捕捉银鱼的密网，捕捉鲅鱼的圆网等，还分为人用、船用、近滩用、远海用等。

▲ 搬罾

搬罾

　　搬罾，又称"扳罾""搬针"，俗称"懒汉罾"。是一种较为原始的捕鱼方式，距今已经有上千年的历史。据传，早在先秦时代，人们就已经开始使用。在历代文献和诗词中，也多次出现和提及"罾"这个字，罾的本意就是用长竹竿或木棍、网片等做成方形的渔网。

▼ 撒网捕鱼

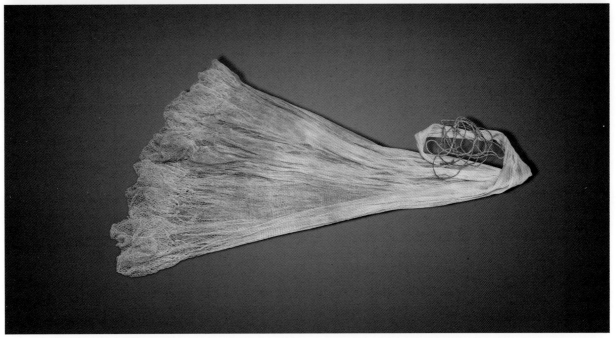

▲ 手撒网

手撒网

　　手撒网，又叫"抛网""旋网"，适用于河湾、湖泊、池塘等地，单人
或双人使用，操作时把渔网抛出，在空中展开，落入水中，进行捕鱼。

▲ 高跷捕鱼

高跷捕鱼

高跷捕鱼，是广西壮族自治区防城港市京族渔民的一种传统捕鱼方式，这里的鱼虾多生活在浅海1m左右的地带，因此捕捞的对象主要是浅滩近海的小鱼、小虾，所用的工具主要是高跷和抄网。

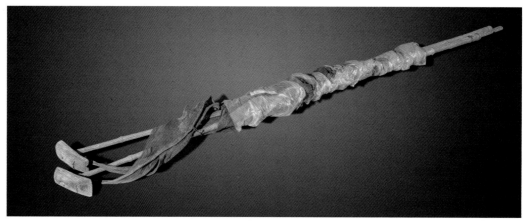

▲ 抄网

抄网

抄网，是用竹竿缝上渔网网片，形成三角形的网兜，单人推动进行浅海捕捞小型鱼虾的工具。

▲ 拉网

▲ 拉网捕鱼

拉网

拉网是一种较大型的网，网片通常由数十尺或百尺长，上有浮，下有坠，两端有长梗，适用于浅滩或海底较为平摊的海面。收网时往往要十几个人伴着号子，共同用力拽拉，是富有美感的捕鱼劳动场面。

◀ 密网

密网

密网指的是网眼较小的网具，这种网主要用于捕捞银鱼等小型鱼类，但密网对其他鱼类危害较大，易造成"竭泽而渔"，因此现代渔业对密网有较大的管制。

▼ 流网

流网

流网也叫"扎网"，是出海捕鱼的一种网具，由芒子和网片组成，芒子是一种细竹竿，上有红绿颜色的小旗，下网后在海中形成一道网墙，鱼虾扎进后进退不得。

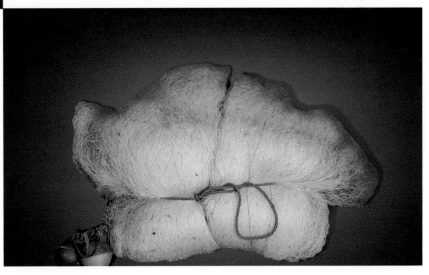

▲ 拖网

拖网

拖网是进行远洋捕捞的一种网，其网眼较大，在拖网上附以重物，加上桁杆，可以捕捞海底的虾蟹，这种网叫"桁杆拖网"；在拖网上加上浮标，可以捕捞海水中层或上层的鱼群，这种网叫"浮标拖网"。

海蜇网

海蜇网是专门用于捕捞海蜇的网具，在我国黄海和渤海沿岸有丰富的海蜇资源，为了有效利用这种资源，人们发明了专门用于捕捉海蜇的海蜇网，其形状和工作原理与流网类似。

▲ 海蜇网

粘网

粘网又叫"丝网"，多是用细小透明的尼龙丝或合成纤维制成。粘网多用于河流及浅海，下网时要形成松弛的网墙，以木棍或石头击打水面，使鱼虾受惊，撞入网眼后不易挣脱，就像被粘住一样。

◀ 粘网

第六十二章 陷阱工具

　　所谓陷阱捕鱼，指的是利用篓、筐、笼一类的工具，以地形优势，设置成陷阱进行捕鱼的生产活动。陷阱捕鱼多用于池沼、稻田、小溪、河流及浅滩、浅海等。陷阱捕鱼因地制宜，各地方法不一而足，因此用的工具也各有不同。

▲ 竹杠

竹杠

　　这种俗称"竹杠"的捕鱼工具由竹子和篾条编织而成，可以放置在流水的河沟处，也可以绑扎长杆在河边、池塘处，主要用来捕捉黄鳝和泥鳅。

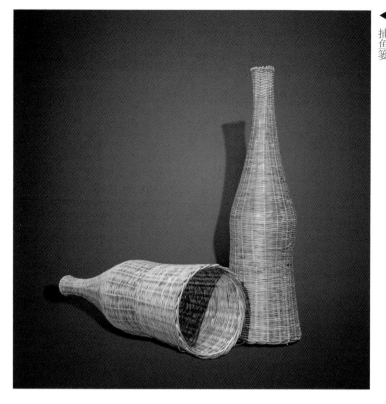

捕
鱼
篓

捕鱼篓

　　捕鱼篓，俗称"鱼篓子"，常与装鱼的"鱼篓"混称。这种捕鱼篓多由竹篾编织而成，进口大，出口小，内部有竹篾做成的倒刺，进来容易，出去难，使用时在底部放入饵料，顺水放置在河沟里，捕捉河虾、小鱼、泥鳅、黄鳝等效果最佳。

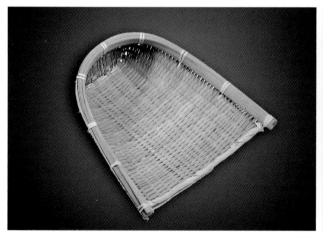

▲ 撮箕

▲ 筅箕

撮箕与筅箕

　　撮箕，在南方常用来捕捉黄鳝、泥鳅这类水产，通常由竹篾编制而成。筅箕与撮箕其功用和样式类似，有些地区把带把的撮箕称为"筅箕"，常用来在池塘、小河中捕捉泥鳅、黄鳝和小鱼等，通常由竹篾编制而成。

▶ 竹罩篓

竹罩笼

竹罩笼是南方水田区用来捕捉鲤鱼、鲫鱼等鱼类的工具，多由竹篾编织成筐形。水稻收割完后，用竹罩笼扣鱼是过去常见的捕鱼场面。

▲ 虾笼捕虾

▲ 虾笼

虾笼

虾笼是专门用来捕捉虾的工具，多见于南方水田区，虾笼内呈倒锥形，笼内放饵料，虾寻味爬入后很难逃出，通常由竹篾编制而成。

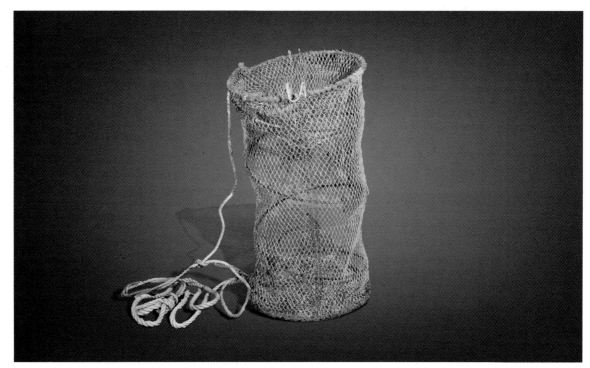

▲ 蟹笼

蟹笼

蟹笼是用来捕捉虾、蟹的专用笼，通常用钢丝弯成螺旋桶状，外编织渔网，下到浅海，以绳固定在船上或岸边。

▼ 鳗鱼笼

鳗鱼笼

鳗鱼笼也叫"鳗鱼桶"，是专门用来捕捉海鳗的工具，将饵料放入桶内，将其投入海底，以吸引海鳗游入后将其捕捉，一般为竹编、塑料或铁制。

▲ 蜈蚣笼

蜈蚣笼

蜈蚣笼与蟹笼相似，但要比蟹笼长得多，多用渔船运至较深水域放至海底，主要用于捕捞八带鱼等海底水产。

▼ 圆笼

圆笼

圆笼是用来捕捉小鱼小虾的笼子，通常是钢丝弯成桶状，外编织渔网制成。

第六十三章　钓鱼工具

　　用鱼钩和钓竿捕获鱼类，具有悠久的历史，据考证，我国最早的鱼竿在新石器时代就已经出现。后来"姜太公钓鱼，愿者上钩"的典故，也说明早在商周时期，钓鱼已经出现。"孤舟蓑笠翁，独钓寒江雪"，在古人的诗词中，钓鱼早就从果腹目的，变成了一种休闲娱乐方式，进而成为一种风雅之事，而垂钓的乐趣，恐怕是没有钓过鱼的人所无法体会的。

　　最初的垂钓还是为了获取鱼类作为食物，从钓鱼上升到娱乐阶段，人们不免要在钓具上做些文章，使其既美观又实用，种类也越来越多。但传统的钓竿较为简单，主要分为手竿和海竿。

◄ 钓鱼场景

► 海钓

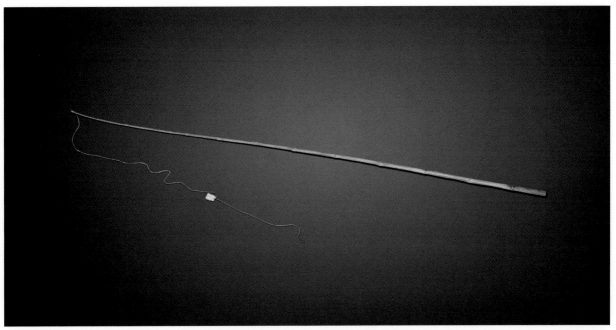

▲ 钓竿

钓竿

传统鱼竿多用随手取到的材料简易制作而成，竹子韧性强，长度、粗细适宜也适合制作成鱼竿，但在北方却不普遍，因此北方多用芦苇杆或树木细条制作。

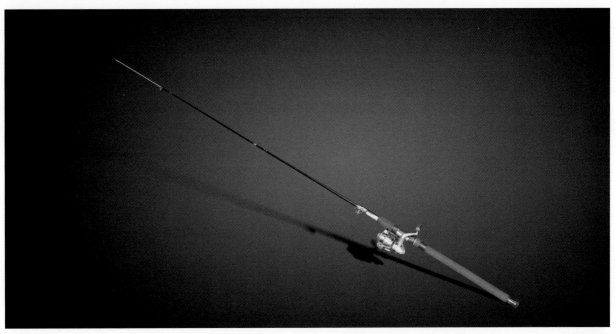

▲ 海竿

海竿

海竿是用来海钓的鱼竿，通常在柄竿处带有绕线轮，可以将饵钩抛到较远的水域。海竿又叫"抛竿""投竿"，在古代叫作"车轮钓""钓车"。

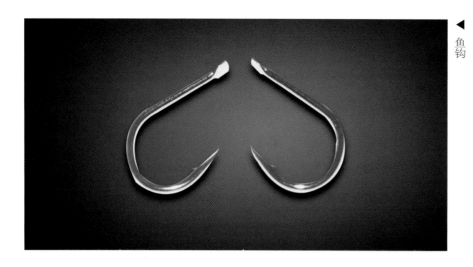

鱼钩

鱼钩是钓具中的重要配件，通常为钢制，钩身弯曲，钩尖较为尖锐且多带回钩。鱼钩根据所钓鱼的品种分为多种形式。

鱼漂

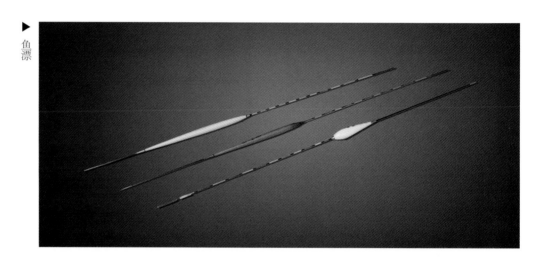

鱼漂也叫"浮漂""浮标""浮子"，是反应钓鱼信息的一种钓具配件，可以观测鱼咬钩及饵料位置等。

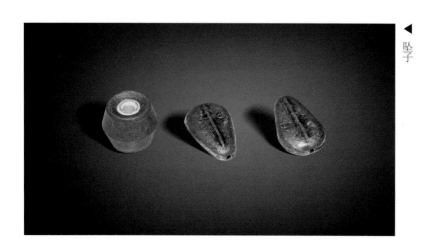

坠子

坠子是用铅块制作的钓鱼辅助工具，可以通过调节，使钓钩处于不同水深位置，用于钓取不同鱼类。

▶ 轮子

轮子

用来收绞鱼线的滚轮，俗称"轮子"，轮子并不是近现代的产物，早在宋代，就已经出现了这种简易装置。

◀ 鱼线

鱼线

鱼线是连接钓钩、坠子、鱼竿的重要钓具配件，古代多用兽筋、肠衣或蚕丝拧绞而成。

▶ 钓鱼篓

钓鱼篓

这种肚大敞口的钓鱼篓通常体型不大，多为竹篾或柳条编织而成。钓鱼多用来盛装黄鳝、泥鳅、螃蟹及其他体型较小的鱼类。

第六十四章　其他工具

　　鱼、虾、蟹等各类水产品的习性和捕捉方式各有不同，即使是鱼类也有多种多样的捕捞方式，除了上述的叉、网、陷阱、钓具等，人们在进行捕鱼活动时，需要准备多种工具以确保捕鱼活动的顺利进行。

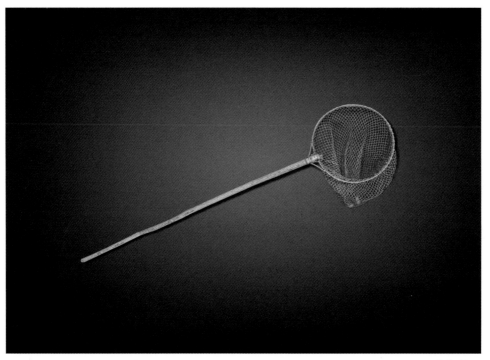

▲ 长柄抄网

长柄抄网

　　这种长木柄、圆口网的工具为长柄抄网，也被称为"抄网"，钓鱼时用于捞取大鱼，防止鱼脱钩逃掉；胶东地区海捕时也常用来捞取水母，是一种用途广泛的捕鱼辅助工具。

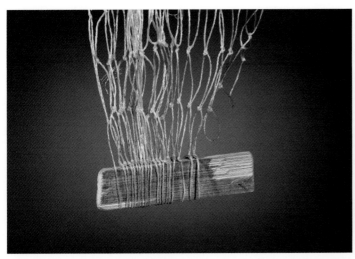

▲ 织板

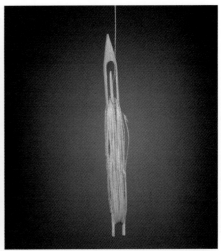

▲ 梭子

梭子与织板

　　梭子与织板是用来编织、修补渔网的工具。梭子多由竹、木材质制成，制作渔网的线绳缠绕其中，边放线边编织。织板是用来确定网眼大小的工具，编织时与梭子配合使用。

▲ 渔网浮子（一）

▲ 渔网浮子（二）

渔网浮子

　　渔网浮子又称"浮漂""浮标"，是捆绑在渔网上的漂浮物。传统浮子多为皮制或木制，也有玻璃或塑料材质的浮子，一般涂有各种颜色，以示标记。

延绳钓

延绳钓

　　延绳钓是海捕中的一种钓鱼方式，其基本操作是在一根主绳上，拴系多根等距离分线，分线带有钓钩和饵料，渔船通过缓慢移动，使饵料活动起来，用以吸引、钓取金枪鱼、剑鱼等掠食性鱼类。

铁捞犁

　　铁捞犁是20世纪50～90年代，胶东地区用于挖取蛤蜊的一种工具，一般为铁制。

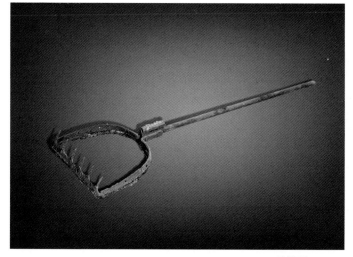

▲　铁捞犁

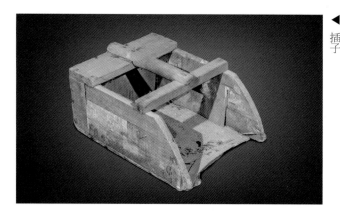

插子

插子

　　传统的插子多为木制，渔船上主要用于戽水和铲装水产。

鸬鹚捕鱼

鸬鹚捕鱼

  鸬鹚捕鱼是传承千年的古老捕鱼方式，鸬鹚又名"鱼鹰"，是一种以鱼类为食的游禽。人们驯养鸬鹚，驾一叶扁舟，带几个鱼篓，行于山水之间，靠鸬鹚来捕获水中的鱼儿，再从鸬鹚口中夺食。

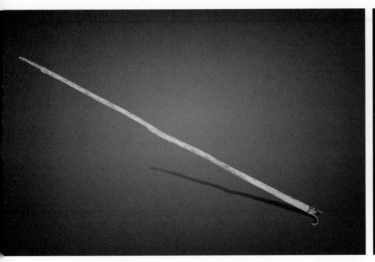

▲ 钩杆

▲ 钩杆细部

钩杆

  钩杆是停泊或调整小船时，用来勾挂码头、岸边的一种长杆，由木柄和铁制勾头组成。

▲ 鱼篓

鱼篓　　鱼篓是用来盛装鱼、虾、蟹等水产品的容器，多为竹篾或柳条编织而成。

▲ 鱼筐

鱼筐　　鱼筐是用来盛装较多水产品或体型稍大鱼类的容器，多为竹篾或柳条编织而成，多为渔船上使用。

第十七篇

烹饪工具

烹饪工具

烹饪是将食品原料加工成餐食的过程，是一门膳食的文化和艺术，是将食材通过一定的烹饪技法，变得秀色可餐、脍炙人口，同时又能做到营养最大化，便于人体吸收。

中华美食源远流长，烹饪技法五花八门，中华民族自古以来就在"吃"这件事上下足了功夫。商代辅国宰相伊尹极善调汤，周代开国功臣姜子牙尤善炙鱼，宋代大文豪苏东坡所创制的"东坡肉""东坡肘子"流传至今，明代秦淮一带擅做糕点、腌菜，闻名江南。从果腹充饥到珍馐美馔，烹饪、饮食上升到文化层面后大放异彩，所谓"食不厌精，脍不厌细"，人们对美食的追求，也促进了烹饪技法和烹饪工具的不断变革更新。

烹饪的先决条件是先民们对火的掌握和使用，那时的灶、锅多是在地上刨一个坑，是最原始的"土灶"，随后有了陶罐这类的炊具，这才能称得上是烹饪。到了青铜时代，炊具的种类变得丰富起来，"釜""鬲""鼎""甗"不同用途的锅灶开始产生。秦朝有了红案和白案的分工，随后炉也有了分工，厨务的分工细化有利于厨师技艺精进，加之汉代通商西域后，各种食材、调料的涌入，使得这一时期的烹饪技法大步发展，烹饪工具也更加丰富多样，出现了烹饪的鼎新局面。到了唐宋时期，社会相对稳定，经济发达，无论是食材的丰富、工艺的进步、理论的革新、市场的繁荣还是炊具的发展都已经达到了相当成熟的程度。明清以后，烹饪在继承中发展，逐渐形成了中国八大菜系，使得各地烹饪争奇斗艳、百花齐放，在丰富人们餐桌的同时，又彰显了各地风味特色，使中华烹饪、饮食文化举世闻名，蔚为大观。

烹饪的方式有多种，如炒、煎、贴、蒸、炸、焖、溜、炖、烩等，配合不同的食材，运用不同的工具，再按照一定的烹饪技法，便能"化腐朽为神奇"，制作出色香味俱全的美食名馔。在这个过程中，没有工具是做不到的，而用于烹饪的工具，主要是人们常说的炊具。这些炊具各有各的作用，倘若运用得当，发挥效用，便能得心应手，事半功倍。

因中华饮食文化博大精深，所以各地所用的炊具也有不同，而且某些菜肴也需要特殊的器具、工具才能制成。本篇中介绍到的炊具以日常炊具为主，按其功用、形制分为炉灶类工具、锅盆类工具、勺铲类工具、罐坛类工具、配菜类工具及辅助类工具。

▲ 烹饪场景

第六十五章　炉灶类工具

炉灶是人们日常生活中最常见的炊具。《辞源》中提到，炉是"盛火器"，灶是"炊物之处"，两者不同，但在历史的演变中炉灶逐渐成为炉具的总称。

考古研究表明，灶的源头是堆积的石块或土坑。原始社会中，先人钻木取火，为了避免火苗被风吹灭，会利用石块堆积成灶，用以炙烤。而后经过发展，在新石器时代出现了"火塘""火灶"，也就是室内炉灶，烹饪由此进入精细化时代。所以说，没有"火灶"，就没有我们现在的烹饪工具。

▼ 大锅灶 　　　　　　　　　　　▼ 风箱

大锅灶与风箱

大锅灶是用于烹饪做饭的操作工具，由土炉子演变而来，由炉灶、锅台和大锅等组成。炉灶常用泥土、砖块、草灰等材料混合制成，一般呈方形。大锅灶需配有风箱使用，通过风箱的快慢拉动、送风大小调节火候。

▲ 柴火炉（一）

▲ 柴火炉（二）

柴火炉

柴火炉，是用于烧水、烹饪的炉具，底部有三条腿支撑，一般用泥土制成。

▲ 炭火炉

炭火炉

炭火炉，是以煤炭作为燃料，用于烧水、烹饪、取暖的炉灶，由炉膛、炉条和烟道组成。烟道多由白铁皮卷制而成，炉膛需用泥灰糊壁，且使用一段时间后要重新糊壁，俗称"掌炉子"。

烤炉

烤炉

烤炉，是用于烤制食物的炉具。其形式有两种：一种是在半地下处形成炉膛，将木柴烧至木炭火候，用来烤羊及其他肉食；另一种是带有锅台，垒砌拱形灶膛，用来烧烤馕、包子等面食。

火烧心与蜂窝煤炉子

▼ 火烧心炉子

▼ 蜂窝煤炉子

火烧心炉子，是用来烧水的炉具，外表呈圆柱状，顶部有孔用来灌水，中心呈空心圆状用来添加柴火。蜂窝煤炉子，是以蜂窝煤为燃料用来烧水、烹饪的炉具。

第六十六章 锅盆类工具

据考证，最早出现的锅为陶釜，是一种泥土烧制的锅具，距今已有8000多年的历史。陶釜的出现标志着人类进入了烹饪时代。在古代，锅的种类也有多种，如"甑""鼎""釜"等，这些锅的用途多以煮制为主。"炒"这种烹饪技法是在宋代才出现的，宋代以前的人们是没有"炒菜"和"炒锅"这一说法的。盆，是在锅的基础上演变而来的，先民们能够制作出用于烹饪的"陶锅"，自然也能制作陶盆。作为一种盛装容器，盆的用途广泛，在烹饪中也是必不可少的工具。

▼ 马勺

▼ 炒瓢

马勺与炒瓢

马勺，又称"炒勺"，是带手柄的用于炒菜的铁锅，形似勺子。炒锅，是用于"煎、炒、烹、炸"食物的锅具，两侧带有环形把手，均为铁制。

▲ 大锅　　　　　　　　　　　　　　　　　　　　　▲ 锅盖

大锅与锅盖

　　大锅，是配合炉灶使用，用于蒸煮烹饪的锅具，直径通常在100cm左右。锅盖，是放置于大锅上用于保持锅内温度，加速食物成熟的工具，多由蒲草或玉米皮编织而成，也有木制而成。

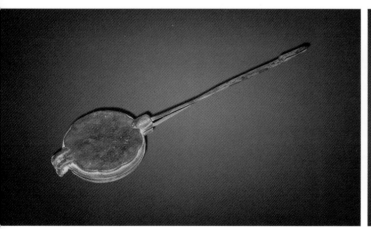

▲ 双面炉鏊　　　　　　　　　　　　　　　　　　　▲ 炉鏊

炉鏊

　　炉鏊，是用于煎、烙饼状类食物的锅具，圆形平底，多由铝压制而成，炉鏊有单面和双面之分。

平底炒锅

平底炒锅

平底炒锅，是平底圆形用于烹饪的锅具，带有手柄，适合制作圆形饼状类食物，一般为铁制。

▼ 砂锅

砂锅

砂锅，是用于焖煮食物的锅具，由石英、陶土等材料混合制作而成。

◄ 铜火锅

火锅

火锅，是用于烫、涮食材的锅具。以热锅煮水，对食材进行烫、涮的吃法被称为"涮火锅"。史料记载，三国时期已经出现了用于涮肉的铜制火锅。

传统火锅主要采用铜炉灶烧木炭的方式，逐步出现了多种形制，最为有名的是北京的铜炉火锅和重庆的九宫格火锅。

◄ 九宫格火锅

蒸锅

铁箅子

竹箅子

蒸锅与箅子

　　蒸锅，鲁中地区俗称"轻铁锅"，是用于蒸、煮、馏食物的工具，锅边两侧带有把手，常与箅子配合使用。箅子俗称"锅箅"，是配合蒸锅使用的一种隔水蒸馏食物的工具，多为竹木制作而成。

甑

笼屉

甑与笼屉

　　甑是一种从古流传至今的蒸器，多为木制或竹制，南方地区多用来蒸米饭。笼屉又称"笼扇"，是由竹木编织而成的蒸馏食物炊具，通常多个笼屉组合使用，单个笼屉称为"一屉"。

面盆与顶盖

　　面盆，是用于和面或盛装食物的工具，多为陶瓷制作。顶盖，是用于盛放面食、坯子或盖盆的工具，圆形，由高粱秸编织而成。

洗菜盆

　　洗菜盆，是用于洗菜的工具，一般为木盆、陶瓷盆、铜盆、白铁盆等，大小不一。

拌凉菜盆

拌凉菜盆

拌凉菜盆，是用于拌凉菜的工具，主要以陶瓷、搪瓷制品居多。

汤盆

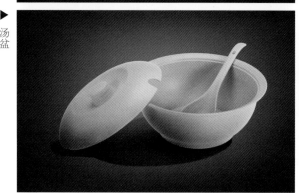

炖盅

汤盆与炖盅

汤盆与炖盅是用来装盛炖煮食材的炊具。汤盆略大，可以分食；炖盅略小，多为个食。

碗与盘

碗

盘

碗与盘

碗和盘，都是用于盛装菜肴及食品的工具。碗，口大底小，通常为圆形，尺寸不一；盘，扁而浅，大小不同，小型的盘也被称为碟。

第六十七章　勺铲类工具

　　烹饪中的勺子和铲子主要用于搅拌、调味、造型等操作，许多烹饪技法也需要通过勺铲与锅具的配合来完成，如八大菜系中的鲁菜，就有"大翻勺"的绝活。烹饪中所用的勺铲通常比进餐中用到的要大，主要有炒勺、平铲、漏勺、笊篱等。

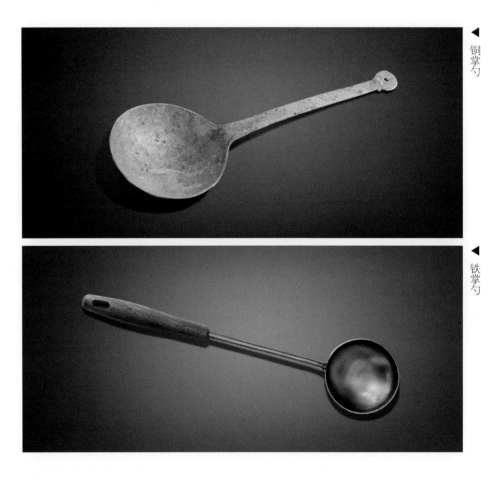

◄ 铜掌勺

◄ 铁掌勺

掌勺

　　掌勺，又称"翻勺""手勺"，是在烹饪时用于翻炒、调味及出锅摆盘的工具，勺柄较长，一般为铁制。

▲ 铜锅铲

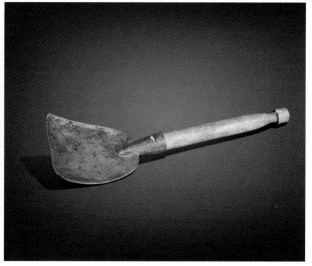

▲ 木柄铜锅铲

锅铲

　　锅铲俗称"铲子"，是烹饪用的工具，材质有铜、铁、铝、木等，大小型号各有不同。

▼ 铁舀子

▲ 瓢　　　　　　　　　　　▲ 铜舀子

瓢与舀子

　　瓢是由葫芦或瓠瓜制成的用于取水、油等液体的工具。舀子，是烹饪中用于舀取液体的工具，一般为铁制或铜制成。

▲ 汤勺

▲ 汤匙

汤勺与汤匙

　　汤勺，是用于盛汤的工具，与翻勺类似，但汤勺勺柄有一定的弯曲度。汤匙，是用于喝汤的工具，有时也用来盛取调料调味，尺寸较小，一般为金属制或瓷制等。

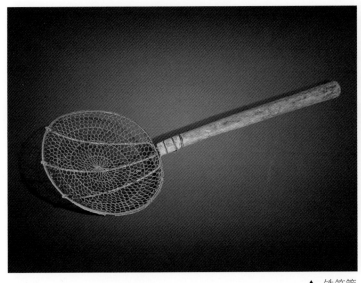

▲ 铁笊篱

▲ 竹笊篱

笊篱

　　笊篱，是用于捞取水或油中食品的工具，一般为铁制、柳或竹篾编制等。

短柄漏勺 ▶

◀ 长柄漏勺

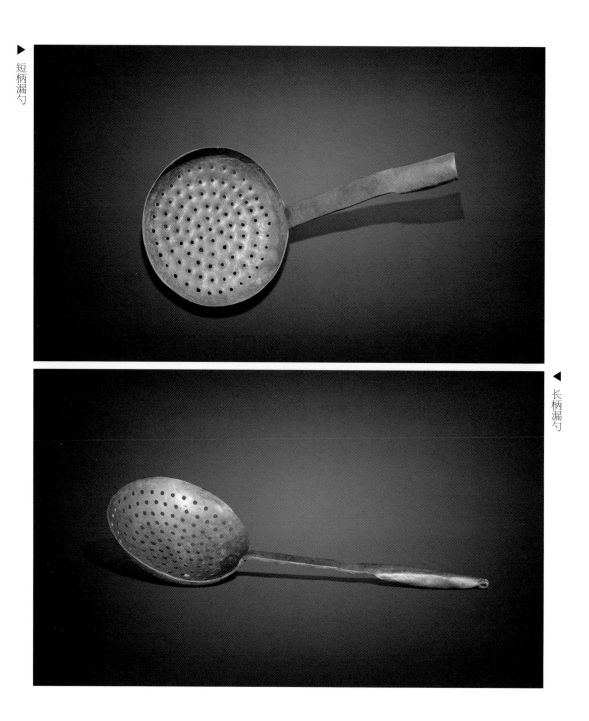

漏勺

　　漏勺，与笊篱相似，是在烹饪过程中用于从水或油中捞取食物的工具，多为铁制或铜制。

第六十八章　罐坛类工具

罐与坛皆属于陶器，相传起源于原始社会，聪明的先人利用泥巴塑型，晒干后，变得结实坚硬，便成为最原始的陶器。后经发展出现了白陶、黑陶、红陶等不同类型，而在外表装饰上也出现了各种图案。瓷器罐坛的出现也标志着人类进入了新纪元。

▼ 佐料罐

佐料罐

佐料罐是用来盛放佐料的罐子，烹饪的佐料有多种，如八角、茴香、桂皮、花椒、辣椒、草果等，因此佐料罐多放置于灶台近处。

▲ 醋坛子

▲ 酱油罐

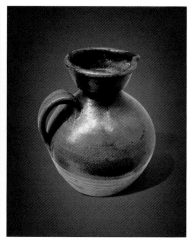

▲ 香油罐

醋坛子

醋坛子，是用于盛装醋的工具，坛口有盖，能够避免醋的挥发，一般由陶土烧制而成。

酱油罐

酱油罐，是用来盛装酱油的工具，多为敞口的陶罐。

香油罐

香油罐，是用于盛装香油的工具，多为肚大口小带把手的陶土小罐。

▲ 糖盐罐

▲ 油罐

▲ 油篓

糖盐罐

糖盐罐，是用于盛放糖、盐等调味料的工具，多为陶制。

油罐与油篓

油罐和油篓都是用来盛放食用油的工具。

第六十九章　配菜类工具

配菜工具是日常生活中用于对食材进行加工塑型的工具。要想制作出上好的菜肴，不仅要有称手的炊具，而且需要配菜工具的配合。常用的配菜工具有砧板、菜刀、剪子、擦床、蒜臼等。

▼ 砧板

砧板

砧板，也称案板，是垫在食材底部，便于食材切割的工具，形状各异，一般为木制。

菜刀

　　菜刀，是烹饪中用于切割食材的工具。烹饪中的刀法技艺，被称为"刀工"，有三分勺工、七分刀工的说法。

擦床

　　擦床，是将食材擦割成丝的工具，由擦齿板和床柄组成，铁制擦齿板嵌于木制中间镂空的床柄上。

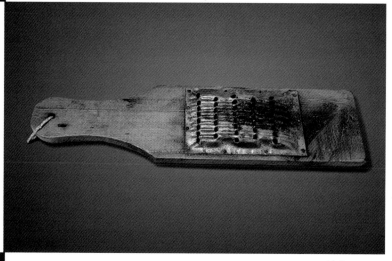

▲ 擦床

蒜臼

　　蒜臼，是用于将食材捣碎成泥或粒的工具，由臼子和蒜锤两部分组成，一般由石材制成。

◄ 蒜臼

第七十章　辅助类工具

烹饪中的辅助工具指的是后厨中辅助烹饪的各种工具的总称，这些工具虽不是必备，但也是某些菜品佳肴制作时不可或缺的工具。

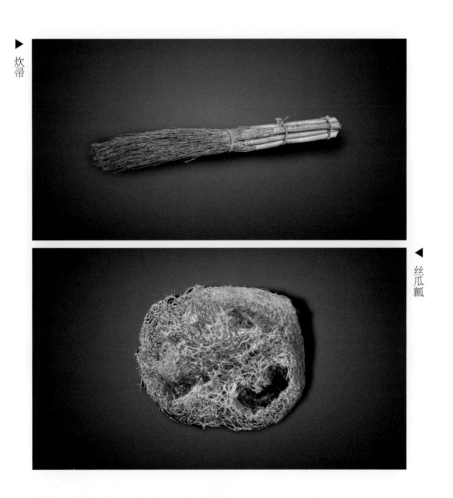

炊帚

丝瓜瓤

炊帚与丝瓜瓤

炊帚，是在烹饪中用于清洗锅盆的工具，由高粱穗苗与细麻绳编制而成。丝瓜瓤，又称"丝瓜络"，是用于清洗碗、碟的工具，由丝瓜的瓤经水煮、晾晒后制成。

▼ 木传盘

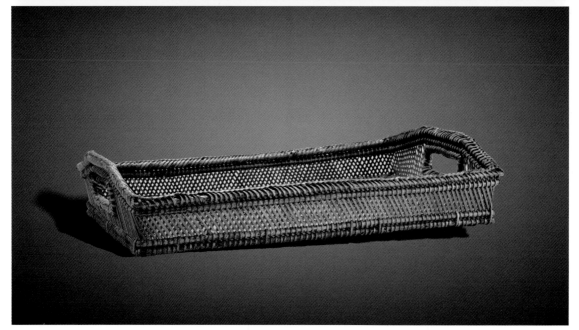

▲ 竹编传盘

传盘

　　传盘，又叫"托盘""掌盘""上菜盘"，是传菜、上菜时用来盛装食馔的工具，长方浅底，多为木制或竹编。

▼ 大食盒

▼ 圆食盒

▲ 方食盒

食盒

食盒，是用来装运餐具，盛装成品菜肴的工具，一般由竹木制作而成，层数不同，大小不一，大者需两人合力抬运，小者可以一人提走。

▲ 筷笼

▲ 磨刀棍与磨石

筷笼

筷笼，是用于盛放筷子的工具，多为竹筒或木制，通常悬挂于厨房墙壁，便于取用。

磨刀棒与磨石

磨刀棒与磨石，都是用来打磨烹饪刀具，使其更加锋利的工具。

▼ 暖壶

▼ 燎壶

暖壶与燎壶

暖壶，是用于盛装热水，具有保温功能的工具，由玻璃保温内胆与竹编或铁制等外壳组成。燎壶，是用来烧热水的工具，一般为铁制或铝制。

第十八篇

中医诊疗器具与中药制作工具

中医诊疗器具与中药制作工具

"中医诊疗"实际上包括两个概念，一个是"诊"，即"诊断"，中医主要通过"望、闻、问、切"来了解病患的病症，通过个人所积累的中医理论知识和实践经验，得出诊断结论并出具治疗方案。其中"望"指的是观察病患的气色；闻，指的是听其声息；问，指的是询问；切，指的是切脉。切脉，俗称"把脉"，也称"诊脉""持脉"，是医者通过脉动应指情况，得到脉象信息的手段之一。传统中医理论认为，脉为血之府，贯通全身，脉象能够反映人体气血运行的状况，有些病症在患者还未察觉时，在脉象上已经开始显现。诊脉极富神秘感又兼具科学性，因此流传千年，依然是中医诊断的主要手段。

另一个是"疗"，疗是指中医通过药物或其他方式疗愈患者的病症，使其恢复健康的过程。中医诊疗器具是指除药物之外，用于诊断治疗的常用工具，包括特有标志性招牌、虎撑（串铃）、药囊及砭术、针具、艾灸、刮痧、拔罐等中医特色的传统器具。

中医制药包括中药炮制和中药制剂两部分，其工艺极为丰富，从"神农尝百草"到"李时珍试药"，历代医者通过亲身试验、观察记录、总结归纳、论证研究为后人积累了丰富的中医药知识，成为中华文化的宝贵财富。古人制药，往往遵天时、辨药性、通医理，通过选、净、切、磨、煎、蒸、熬、晒、煨、煅、炼、搓、烘等多种手法，使原材料在去毒增效的同时，更便于使用、贮藏和运输，成为可以治病救人的良药。

中药制作又称中药炮制，已有上千年的历史，按照传统"炮制十七法"，可以将中药炮制的工具归纳为净选、研捣、切割、干燥、烘炒、蒸煮、调配、塑形、贮存九个类别。

第七十一章　标识工具

从古至今，中医通常有两种经营方式：一种是有固定地址进行坐堂问诊，医馆与药店同为一处，这种医者往往有自己的字号招牌，并有一定的社会口碑，有的还是专科门诊；另一种是走街串巷或集市摆摊，这种被称为"游医"或"走方郎中"，因常常手持串铃，也被称为"铃医"。通常情况下，医者不主动找患者做生意，遵循"医不叩门"的规矩，无论是走方的郎中，还是坐堂的大夫，都有表明自己职业的道具或工具，本章将其统称为中医标识工具。

▼ 门匾

门匾

门匾，俗称"堂号"，是悬挂于店铺主门正上方用于书写店铺名称作为招牌使用的工具，一般为横匾，木制而成。

葫芦

葫芦

　　葫芦，是古代用于盛装汤药、丹丸的工具，也用来悬挂于医馆、药铺作为中医场馆的标识物。

药囊

药囊

　　药囊，也叫布袋褡裢，是走方郎中披挂在肩上的用于盛装诊疗器具和药品的工具。

幌子

幌子

　　幌子，这里特指走方郎中走街串巷时随身携带的用于表明职业身份、招揽生意的标识工具，一般用长杆与布制作而成，通常写有"妙手回春""名师真传""包治百病"等招牌性文字。

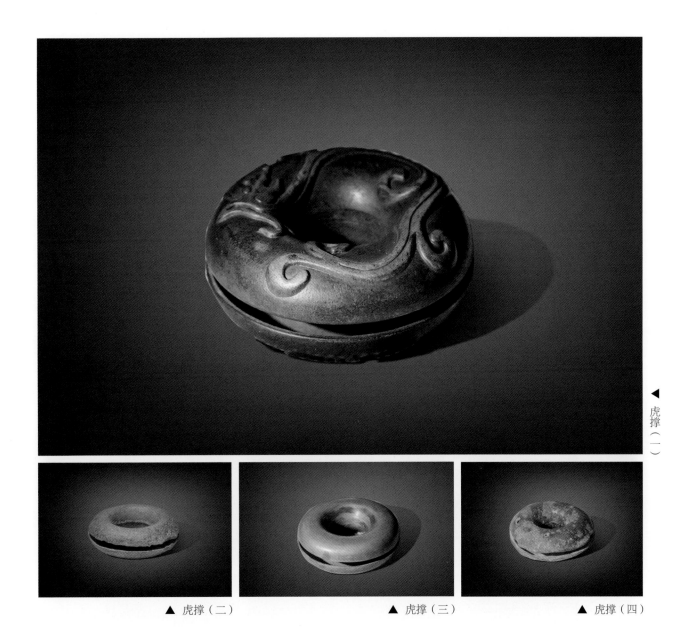

▲ 虎撑（二）　　　　　　▲ 虎撑（三）　　　　　　▲ 虎撑（四）

虎撑

　　虎撑，又称"八卦串铃"，俗称"串铃""药铃""镯子铃"等，是走方郎中用于发出声响、表明身份、广而告之的工具。其有大有小，小可绕指，大可拿捏，通常是铁制，铃的外侧有小的切口，切口处有两个铜或铁弹丸，使用时手掌快速晃动，切口处弹丸撞击环内壁，发出一连串铃声，随走随摇。

第七十二章　切脉工具

　　传统中医的诊断主要是望、闻、问、切，因此并不需要太多的工具，但切脉需要患者呼吸均匀、心态平和，将腕关节的脉搏处裸露平放，便于进行切脉，因此要使用脉枕这类的辅助工具。

▼ 脉枕（一）

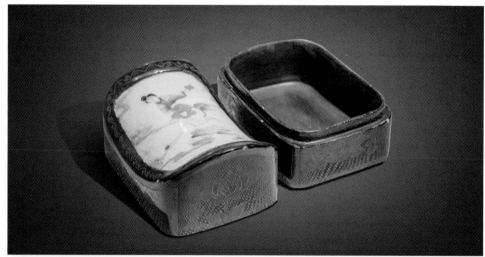

▲ 脉枕（二）

脉枕

　　脉枕，是中医切脉时用于承托手腕的工具，形似枕头，体型不大，材质各异，以瓷质居多。

第七十三章　针灸工具

人们常常将"针法"和"灸法"合称为"针灸"，实际上两者所用的工具是不同的。"针法"指的是以针刺穴位；"灸法"指的是以艾炷或灸草在人体表面穴位处进行灼烧、熏熨等方法。灸法所用的材料多为艾草，因此也叫"艾灸"。因为两种治疗方法的中医基础理论相同或相通，又是常用的中医外治方法，临床上往往同时或交替使用，故合称为"针灸"。

针灸的历史较为久远，最早可以追溯到石器时代，那时人们用尖状的石头，或刺激身体部位，或开脓放血，或用热石热敷，可以达到治疗目的，在长期的实践研究中，人们将其总结为"砭术"。随着历史演进，社会发展，人们用金、银、铜、铁质地的针具代替石质的"砭针"，用艾草等其他草药代替烧热的"砭石"，并结合穴位研究，逐渐形成了较为完整成熟的"针灸疗法"，而"砭术"也逐渐失传。

古代砭术所用的工具是砭石、砭针，而针灸所用的工具是各种针具和灸具。

▼ 砭（一）　　　　　　　　　　　　　　▼ 砭（二）

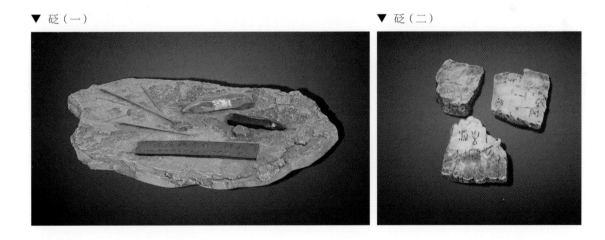

砭石与砭针

砭石和砭针，是远古时代人们用于去脓放血、刺激穴位的治疗工具，呈尖状或片状，用石头磨制而成。

古代九针

传统中医用来针刺穴位的针具主要有九种，分别是镵针、圆针、鍉针、锋针、铍针、圆利针、毫针、长针、大针，每种针都有不同的用途，合称"黄帝九针"或"灵枢九针"，现在常见的针具为毫针。

镵针

镵针，头大且针尖锐利，适用于浅刺，以泻皮肤肌表的阳热。

圆针

圆针，又称"圆头针"，针头卵圆，用于治疗筋肉疾病。

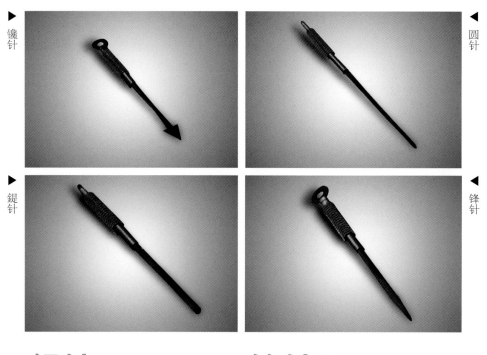

▲ 镵针

◀ 圆针

▲ 鍉针

◀ 锋针

鍉针

鍉针，又称"推针"，针体粗大且针尖钝圆，用于循经按压穴点，不入皮肤，具有导气活血、舒经通络等作用。

锋针

锋针，针锋锐利，三面有刃，顶端带小钩，可用于钩割浅筋膜，改善肌肉肌腱痉挛，缓解顽固性疼痛。

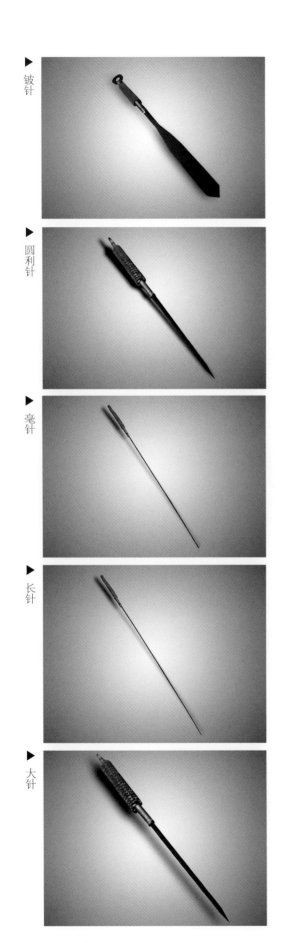

铍针

圆利针

毫针

长针

大针

铍针

铍针，针尖像剑锋一样锐利，可以用来刺痈排脓，放血治疗。

圆利针

圆利针，针尖如长矛，圆而锐利，可治疗软组织损伤性疾病及痈肿痹症。

毫针

毫针，针尖细长，针柄与针尾多用铜丝或银丝缠绕，呈螺旋状或圆筒状，有多种规格，适合治疗内科、外科、妇科、儿科多种疾病。

长针

长针，针尖锋利且针身细长，可以治疗经久不愈的痹病。

大针

大针，针身粗且巨，针尖略圆，针形如杖，可以用来泻去关节积水等。

藏针筒

藏针筒

藏针筒，是用于收纳针灸用针的工具，通常由竹筒制作而成。

针灸盒

针灸盒，是用于收纳针灸用针的工具，呈长方形或椭圆形，有木制、铝制或铁制。

针灸盒

针灸铜人

针灸铜人

针灸铜人，是宋代发明的用于医学教学、研究、习练的模型工具，按照真人比例制作，体表刻有354个穴位，并以金字标注。针灸铜人除了用以教学，也常用来考验学徒针灸技艺，其方法为师傅在铜人内灌注水，再以蜡涂抹，给铜人穿上衣服，学徒针刺入穴，便有水射出，若拿捏不准，则针不能刺入。

艾灸疗法

艾灸疗法简称"灸法"，是利用点燃后无明火的艾绒、艾炷、艾条等，对体表穴位进行灼热、温熨、熏烤，以达到祛邪扶正、通络活血等目的的疾病防治方法。艾灸疗法是中医学的重要组成部分，也是传统中医较为古老的疗法，历史上曾广泛应用于临床。

艾灸用具

艾炷

艾炷是用于艾灸的料具，是手工捻制成的圆锥状的艾绒小团。施灸过程中，复燃尽一个艾炷称为"一状"或"一柱"。

艾炷

艾条

　　艾条，又称艾卷，是用于艾灸的料具，圆柱形长条，大小不一，用艾绒卷成，常与筒、盒等容器配合使用。

▲ 竹制艾灸盒

▲ 铜制艾灸盒

艾灸盒

　　艾灸盒，是用于盛放艾段，通过附着于患处或穴位进行局部灸疗的工具，传统艾灸盒多为竹制，也有木、铜、铁等多种材质的艾灸盒。

第七十四章　拔罐工具

"拔罐疗法"又称"火罐疗法"，是利用负压使罐吸着于皮肤的一种治疗方法。拔罐疗法在今天依然有着广泛的应用，所用的工具主要是各种罐体。

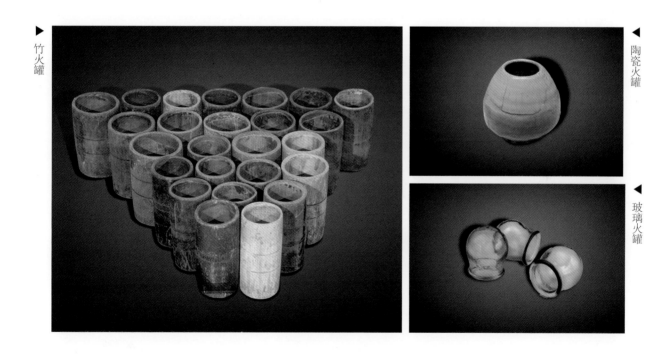

竹火罐

陶瓷火罐

玻璃火罐

火罐

火罐，是一种以火拔罐的工具。早期的火罐有用牛角、羊角制成的，也被称为"角罐"；后出现竹罐、陶罐和玻璃罐等。

第七十五章　刮痧工具

　　刮痧，是运用如牛角、玉石、火罐等器具，通过物理手法刺激经络，使局部皮肤发红或皮肤出现红色斑点（"起痧"），从而起到活血化瘀、调整阴阳、舒筋通络等作用的治疗方法。

　　刮痧疗法使用的工具有多种，如棉麻线团、铜钱、瓷碗、木梳等，其中最常用的为刮痧板，治疗时，较厚的一面面对手掌，较薄的一面面对人体进行刮擦。

▼ 牛角刮痧板

▼ 石制刮痧板

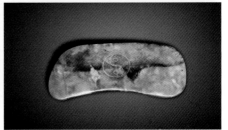

▲ 玉石刮痧板

刮痧板

　　刮痧板，是用于刮痧的主要工具，呈板状，其材质有多种，以牛角、玉石、蜜蜡材质为佳。

▲ 梳子

▲ 物团

梳子

梳子，是用于刮痧的工具，常用牛角、石头、桃木等制作。

物团

物团，是在刮痧中用于蘸取润滑剂的工具，一般用丝瓜络、八棱麻等植物揉捏成团。

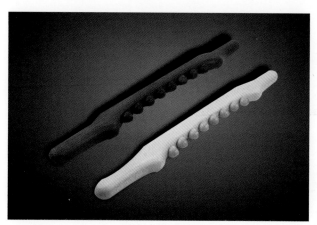

▲ 刮痧棒

刮痧棒

刮痧棒，是用于刮痧的工具，呈圆柱形，中间略有弯曲，两端有手柄，多由木棒制成，可根据不同刮痧部位选择不同样式和尺寸。

汤匙

汤匙，是用于手、足、脖颈等身体局部刮痧的工具，多为瓷制。

▲ 汤匙

第七十六章 槌凿工具

槌凿疗法，又称"槌正疗法""药槌疗法""槌道疗法"等，是通过木槌和木凿等工具敲打经络、穴位、肌肉、筋膜，达到治疗或正骨效果的外治疗法。

▼ 槌凿疗法

▲ 木槌

▲ 木凿

木槌与木凿

木槌，是中医槌凿疗法中使用的主要工具，由槌头和槌柄组成，多为木制，与木凿配合使用。木凿有单刃凿和双刃凿，根据病情需要交替使用。

第七十七章　中医外科工具

　　我国早在周代就有了专门的外科医生，被称为"疡医"，他们使用一些简单的手术工具治疗疮疡及体表外伤。历代医学著作中，也都有对外科手术的记载，如外创清理与血管结扎术、脓疮切除术、鼻息肉切除术、痔疮切除术、剖腹术等。中国东汉末年的名医华佗，发明了最早的麻醉剂"麻沸散"。据史料记载，华佗在当时已经能做肿瘤摘除和胃肠缝合一类的手术，被人们尊称为"外科圣手""外科鼻祖""神医华佗"。

▼ 中医外科刀具

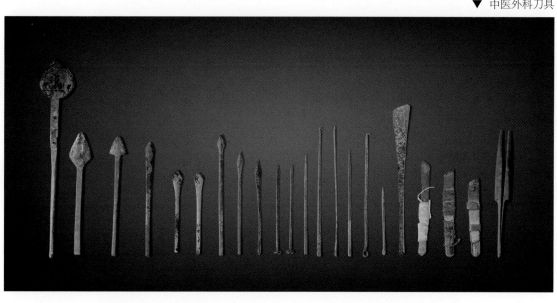

中医外科刀具

　　古代中医所用外科刀具历朝历代均有不同，其粗犷者如刀、斧、锯，精细者如针、钩、镊，医者往往以其形状命名，如桃形刀、三角刀，主要用于切割、剜挖、锯斩、缝合等手术。

第七十八章 净选工具

　　净选，是去除药材原料中的杂质及非药用部分，使其成为合格的原材料的工序。用于净选药材的工具有多种，常见的有箩、筛、簸箕、水桶、石臼等。

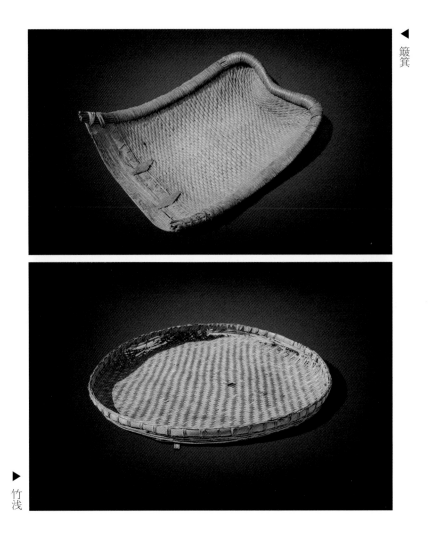

簸箕

竹浅

簸箕与竹浅

　　簸箕，是在净选中药时通过颠簸、风馏、手选等方式去除不达标的原材料、杂质的工具。竹浅，是用于盛装、挑选、晾晒药材的工具，由竹篾编织而成。

▲ 箩

▲ 筛

箩与筛

　　箩与筛都是用于筛选药材的工具。箩，孔眼较小，用于细筛；筛，孔眼较大，用于粗筛。

▲ 水桶

▲ 陶罐

水桶与陶罐

　　水桶与陶罐，都是用于浸漂药材、淘洗泥土等杂质的工具。水桶一般为木制，陶罐一般为陶土烧制。

第七十九章　碾捣用具

　　碾捣指的是将某些矿物、果实、种子、动物角质等药材研磨、锤捣成粗细不同的药粉，便于调配和制剂的工序。根据药物的硬度、脆性等应选择恰当的碾捣方式，中药炮制过程中使用的碾捣工具，除了常见的碾、磨、石臼等，还有专用工具——碾船与捣筒，其现在仍为调配处方时的简单加工工具。

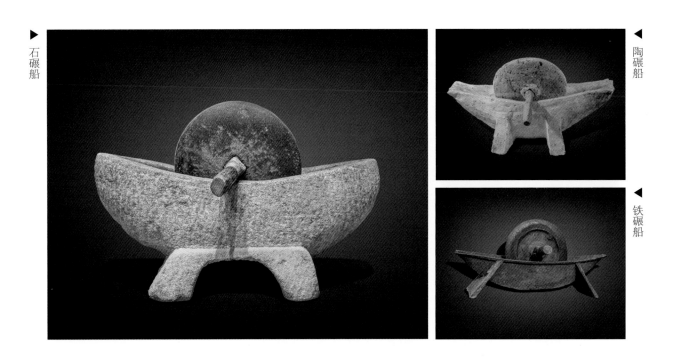

石碾船

陶碾船

铁碾船

碾船

　　碾船，又称"药碾子"，是用于药材碾碎、脱壳的工具，由碾槽、碾轮和木柄组成，一般有石制、铜制、铁制和陶制。

▲ 铁制捣筒

▲ 铜制捣筒

捣筒

捣筒，又名冲筒、捣桶、铜臼杵，是用于捣碎药材的工具，多以铜或铁铸造而成，也有石头制作的捣筒。

▲ 石制捣筒

乳钵与研钵

乳钵，是用于研磨软膏类药品粉末的工具，多为陶瓷制或铜制。研钵与乳钵相似，也是用于研磨制作软膏剂或药丸粉末的工具，多为瓷制品，也有铁、玛瑙、氧化铝等材质。

▲ 乳钵

▼ 锉

▲ 研钵

锉

锉，是在中药炮制中用于锉取木质或动物角质粉末的工具，一般为铁制。

第八十章　切割用具

　　凡是直接供中医临床处方和制剂用的所有中药炮制品统称为饮片。饮片切制是将净选后的药材进行软化，再切成一定规格的片、丝、块、段的工序。

　　传统饮片切制采用手工方式，所用工具为各类刀具。

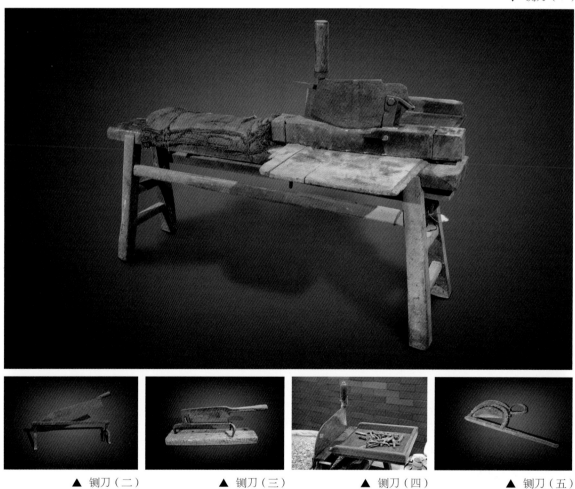

▼ 铡刀（一）

▲ 铡刀（二）　　　　▲ 铡刀（三）　　　　▲ 铡刀（四）　　　　▲ 铡刀（五）

切药刀

　　切药刀，又称"切药铡刀"，是用于切割中药饮片的工具，主要由铁制刀片、木制刀床（刀桥）、压板等部件组成，有的还带有装药斗和控药棒。

► 片刀

片刀

片刀，是用于将饮片切为厚片、直片或斜片的工具，刀身两面开刃，呈弧形。

► 镑刀

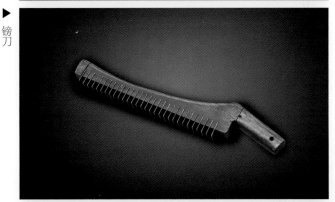

镑刀

镑刀，也叫"镑刨"，是用于刨削角质药材的工具，形似蜈蚣，也被称为"蜈蚣刨"。

► 刨

刨

刨，是将药材刨成薄片的工具。

► 斧

斧

斧，是用于劈砍较大块的硬质药材的工具。

第八十一章　干燥用具

干燥是中药炮制中的重要环节，为了能够安全储存，需将药材中的水分控制在安全限度内，以保证中药材质量。

药材干燥的方法有多种，以日晒、摊晾、烘焙为主。日晒法是将药材均匀地摊在苇席或干净地面上，利用光照及时翻动进行晾晒。摊晾法又被称为荫干法，一般将药材放在阴凉处，利用流动的空气，吹去水分，适用于不宜暴晒的药材。烘焙法是利用焙笼或将药材放在铁板上焙干的方法。

筶箩　焙笼　烘干房

筶箩、焙笼与烘干房

筶箩，是在中药干燥中用于晾晒药材的工具。焙笼，是用于将药材烘干的工具，中间略细，两头略粗，配有顶盖，一般为竹编或苇编，与火盆配合使用。烘干房，是用来烘干中药材的房屋。

第八十二章　煅制用具

　　将净选切制后的饮片，置放在一定的容器内用不同的火力加热，使其达到适宜的程度要求和标准，这种炮制方法被称为"煅制"。

　　煅制分为明煅法和闷煅法，所用的工具有煅药炉、坩埚、瓷罐、瓦片、铜炉、铁炉、砂锅等。煅制的药物大多需要淬制。在煅制达到要求时，趁热放入酒、醋或水中，捞出晾晒或烘干，这种方法叫作"淬制"。

煅药炉

坩埚

铜炉

煅药炉、坩埚、铜炉

　　煅药炉，是用于药材明煅、焖煅的工具。坩埚，是用于煅制或提炼药材的工具，分为石墨坩埚、黏土坩埚和金属坩埚三大类。铜炉，是用于煅制药材的工具，相比铁炉，铜炉不易与药材产生化学反应。

第八十三章　蒸煮工具

　　蒸法是将净选或切割过的药物加入辅料或不加辅料置于蒸制容器或密封容器内隔水加热的炮制工艺。煮法所用工具主要有炉灶、铁锅、铜锅、蒸笼等。

▼ 铁锅

▲ 蒸笼

▲ 铜锅

蒸笼、铁锅与铜锅

　　蒸笼，是用于蒸、馏药材的工具。铁锅和铜锅，是用于炒制、蒸煮药材的工具。

▲ 煎药锅（一）

▲ 煎药锅（二）

煎药锅与火炉

　　煎药锅俗称"药罐子""煎药砂锅"等，是通过煎煮中药饮片，使药材中的药性成分混入汤剂的工具，一般与火炉配合使用。

▲ 煎药锅（三）

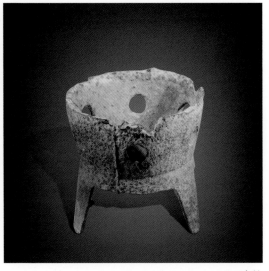

▲ 火炉

第八十四章　调配工具

中药调配指的是根据处方对药材进行称重、配比的工序，调配前要反复审查各类中药间的禁忌、毒性、剂量等，确认处方没有差错再进行调配，所用到的工具主要是秤、匙等。

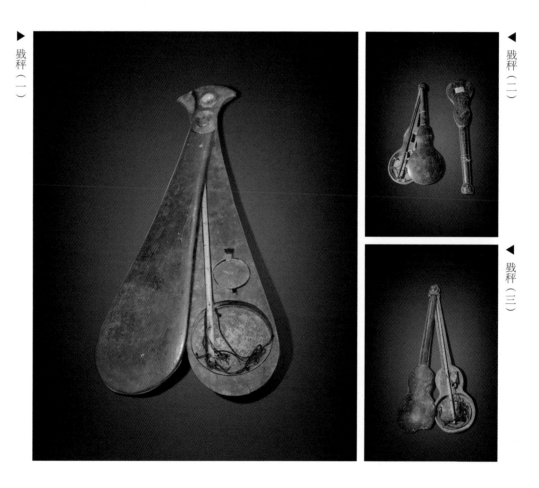

戥秤（一）

戥秤（二）

戥秤（三）

戥秤

戥秤，又称"戥子秤""戥子"，是用于称量药材的工具，发明于宋代，由包装盒、秤杆、秤系、秤钩、秤砣、秤盘等组成。与其他杆秤相比，戥称较为小巧。

▲ 天平秤

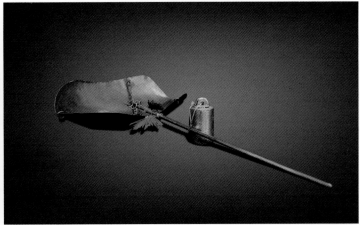

▲ 杆秤

天平秤与杆秤

　　天平秤，又叫"砝码秤"，是利用杠杆原理给药材调配称重的工具，由托盘、指针、横梁、标尺、游码、砝码、平衡螺母、分度盘等组成。杆秤，也是用于药材调配称重的工具，由秤杆、秤系、秤钩、秤砣、秤盘等组成，中药调配一般使用小型杆秤。

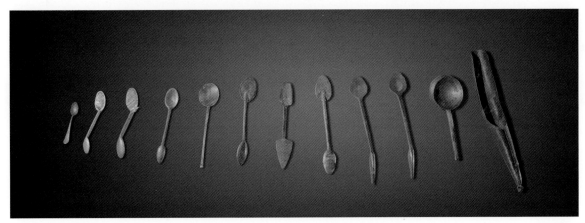

▲ 药匙

药匙

　　药匙，是用来舀取、估量粉末药材的工具，大小不同，型号各异，材质主要有铜、象牙、牛角、瓷、竹、木等。

第八十五章　塑形工具

　　中药炮制中的塑形，主要指的是对膏、丸、丹等中药制剂塑形的过程。每种药品都有不同的塑形工艺和手法，如"膏剂"，就有软膏和硬膏之分；仅外用贴敷的膏药，就有白膏药、黑膏药、松香膏药等多种形式；如"丸剂"，也分为水丸和蜜丸。本章主要介绍常见的中药塑形工具。

▶ 药匾

▶ 水丸刷

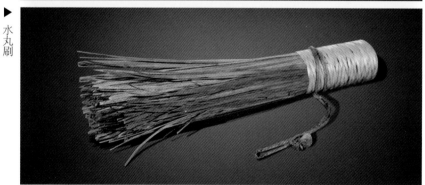

药匾与水丸刷

　　药匾，是用于制作水丸的工具，圆形平底或弧底，由竹篾编织而成，匾面细密、光滑、不透水。水丸刷，是在水丸塑形时用于刷水的工具，主要用棕榈、玛兰根、竹条、高粱糜子等材料制成。

蜜丸板

蜜丸板，是手工制作蜜丸的工具，分为搓条板和搓丸板。搓条板，由上下两块木质平板组成，两板之间放入药粉与炼蜜和好的软材，持上板平推，将软材搓成粗细一致、表面光滑的丸条。搓丸板，由上下两层对齿木板组成，两板相合时，上下齿形成圆孔，将丸条横放两板中间，平推上板，就可以将丸条切成圆球状蜜丸。

▲ 蜜丸板

调膏刀

► 调膏刀

调膏刀，又称"调和刀""调刀"，是用于调配软膏的工具，由木柄和铁刀片组成，扁平不开刃，长条形，通常搭配木平板使用。

切胶刀

切胶刀，俗称"双把刀"，是用于切割阿胶等中医胶剂的工具，刀身两端有木把手，多配合切胶盒使用。

切胶盒

切胶盒，又称切胶盘，是用来配合切胶刀切割胶剂的工具，两边带有凹槽，呈长方形，木制而成。

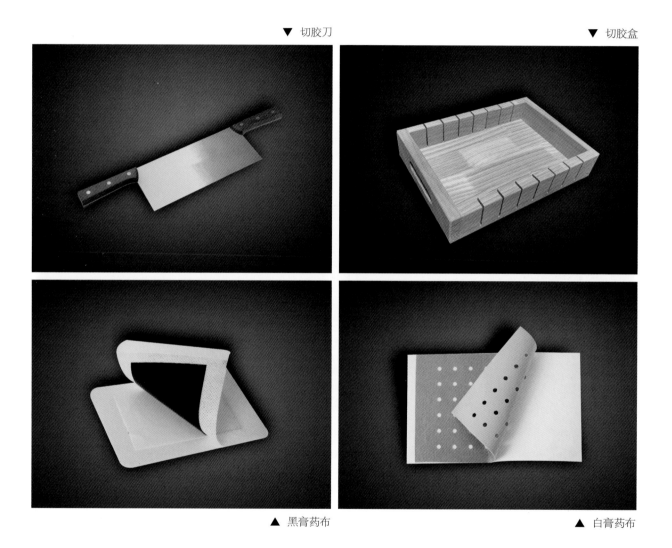

▼ 切胶刀　　　　　　　　▼ 切胶盒

▲ 黑膏药布　　　　　　　▲ 白膏药布

膏药布

膏药布，是用于附着膏药、贴敷患处的布料，材质多为纯棉布、无纺布、水刺布等。

第八十六章　其他器具

中医制药的其他器具，指的是用来盛装药品的罐、瓶、箱、盒、柜等，根据需要选择适宜的盛放工具。

▲ 中药柜

中药柜

中药柜，是用来贮藏中药饮片的木制柜式工具，纵横有多个抽屉，每一个抽屉有两到三个药斗，抽屉迎面写有药名，一般多用于中医馆与药店。一个中药柜可容纳中药饮片100～300种。

▲ 抓药线绳

抓药纸与抓药线绳

　　抓药纸，是在抓药时用于包装成品药材的工具，过去多用草纸或桑皮纸，现在多用牛皮纸，一包药，俗称"一服"药。抓药线绳，是抓药时用于捆扎药包的工具，线绳的滚轮通常悬挂于药房房梁下方，包扎完成后以剪刀剪断，省时省力不占空间。

药箱

　　药箱，是用于盛装诊疗器具及常用药品、急救药品的工具，木制，有多个抽屉，多为医者出诊时使用

▲ 药箱

药罐

　　药罐，是用于盛放贵重饮片或丸剂、散剂的罐装工具，通常带有盖子，以保证密闭，防止药材受潮，常见为木质或瓷质。

▼ 木药罐

▼ 瓷药罐

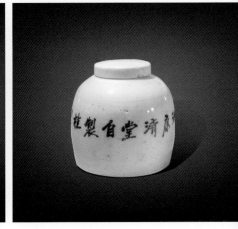

◀ 药酒壶

药酒壶

　　药酒壶，是用于盛放药酒的工具，呈坛或罐形，肚大口小带壶嘴，一般为陶瓷烧制。

后记

对中国传统民间制作工具的匆匆巡礼，到这里就告一段落了。《中国传统民间制作工具大全》历时五载终于编撰完成，即将付梓，写完本卷最后一个字，倍感欣慰之余，更是感慨万千。

欣慰的是多年来的夙愿终于实现。我从事建筑行业已有四十五载，当初抢救性地收集和保护一批古建筑构件和传统手工制作工具，日后却成了我工作之余的一种兴趣和爱好，但当我试图研究、梳理它们时，却发现介绍工艺的书籍很多，但鲜有关于"工具"的著述和汇编。由此心中萌生了编撰一套百科全书式的作品，来记录并介绍中国传统民间制作工具的想法。经过几年的筹备，终于在2020年的春天正式组建团队并付诸实施。

感慨的是，真正实施起来，对我们来说太难了。由于本书涉及门类众多，不少工具早已遗失，许多技艺面临失传，一些工具，真正使用或操作过的艺人工匠，或年逾古稀或早已离世，这就给我们的收集、整理工作带来不小的挑战。好在我们的团队素质过硬，为了收集这些工具，他们走遍了山东全境，足迹遍布河南、河北、天津、北京、山西、陕西、江苏、安徽、湖南、湖北等地的城市乡村。有些失传已久的工具，为使读者一睹其貌，我们延请工匠，参照典籍资料，重新制作并修整如旧。为了阐述准确、考证详尽，我们探访了数十位非物质文化传承人和上百位行业内资历较深的老师傅。许多博物馆、文化馆、收藏家在听闻我们的事迹后，也给予了很大的支持和鼓励。这些第一手资料的取得，也为我们的编撰工作打下了坚实的基础。现在想来，其过程是艰辛的，虽付出了较大的精力和财力，但也是值得的。

《中国传统民间制作工具大全》全书共分六卷，七十八篇，三百二十六章。参照民间谚语"三百六十行，行行出状元"，涉及行业一百一十四项，涵盖生产劳动、生活器具、音乐美术、工艺制品、日常饮食、娱乐文玩、民俗文化等十几个类别，形成文字三十六万余，遴选照片五万余张，采纳图片四千六百余幅。即便如此，书中可能还有不尽如人意之处，只能请诸位多多包涵，并尽管批评指正。

在此还要衷心感谢：

中国建筑工业出版社及其上级主管部门；

为本书提供原始资料的各地文化部门、博物馆及各界热心人士；

一直以来给予我支持和鼓励写作这部书的各界朋友；

山东巨龙建工集团的各位同事和我的家人。

随着科技的发展以及城镇化节奏的加快，许多传统的民间制作工艺也正在随着远去的农村而慢慢消逝。人们一边享受科技带来的高效率、快节奏，一边承受着它浮躁和焦虑的副作用。正因如此，"工匠精神"又被重新审视，并高频率地出现在大众视野。"工欲善其事，必先利其器"，工具是连接工匠与技艺之间的媒介，是人们认识和改造时代的手段。每次思绪纷乱时看看这些传统的制作工具，总会有那么几件能让我的心静下来，如同一首童谣抑或一道家乡菜，让我不自觉地想起曾经的那些岁月，渐行渐远的故土和音容宛在的故人。对中国传统民间制作工具的这次巡礼，我所看重的正是这些工具的内在传承价值，除了要给那些赋予着劳动人民智慧的工具写照留念之外，更希望多年后还有人指着书里的工具给孩子们讲一讲那些传统的制作故事以及逝去的岁月和浓浓的乡愁。

也许，我们不仅要知道自己将去往何方，而且更应该知道我们来自何处。

2022年写于北京西山

▲《四大发明》著名画家　张生太　作